PRODUCT FORM DESIGN

产品形态设计

顾宇清　徐清涛　肖　娜○主编

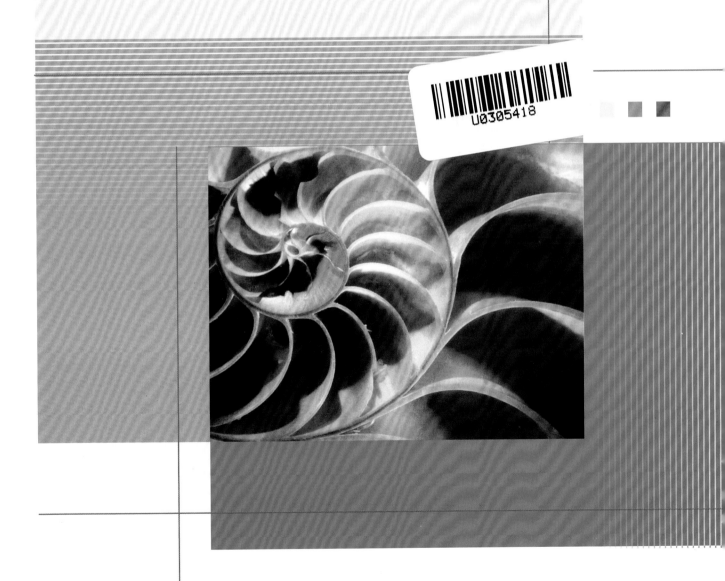

北京理工大学出版社
BEIJING INSTITUTE OF TECHNOLOGY PRESS

内容提要

本书共五章，主要内容包括产品形态设计概述、产品形态设计的基本元素、形态生成过程、现代产品形态设计手法与形态分析、产品设计与产品形态。本书以图例为基础，以实例图和产品形态分析图相结合的方式，循序渐进地分析产品形态的构建方式及视觉认知规律，并结合产品设计方法、生产制造技术等因素来解析产品形态的有效性，从而帮助学生理解产品形态形成的方法和特点。

本书可作为高等院校工业设计、产品艺术设计及相关专业的教材，也可作为产品设计人员的参考书。

图书在版编目（CIP）数据

产品形态设计 / 顾宇清，徐清涛，肖娜主编. --北京：北京理工大学出版社，2021.4
ISBN 978-7-5682-9745-5

Ⅰ.①产… Ⅱ.①顾… ②徐… ③肖… Ⅲ.①工业产品－造型设计－高等学校－教材 Ⅳ.①TB472

中国版本图书馆CIP数据核字（2021）第068039号

出版发行 / 北京理工大学出版社有限责任公司
社　　址 / 北京市海淀区中关村南大街 5 号
邮　　编 / 100081
电　　话 / （010）68914775（总编室）
　　　　　（010）82562903（教材售后服务热线）
　　　　　（010）68944723（其他图书服务热线）
网　　址 / http://www.bitpress.com.cn
经　　销 / 全国各地新华书店
印　　刷 / 河北鑫彩博图印刷有限公司
开　　本 / 889 毫米 × 1194 毫米　1/16
印　　张 / 6
字　　数 / 160 千字
版　　次 / 2021 年 4 月第 1 版　2021 年 4 月第 1 次印刷
定　　价 / 68.00 元

责任编辑 / 钟　博
文案编辑 / 钟　博
责任校对 / 周瑞红
责任印制 / 边心超

前言
PREFACE

随着经济的快速发展以及人们生活水平的提高，各种各样的商品进入消费市场。市面上的商品种类繁多，要设计出满足市场需求，并能在市场竞争中占据一席之地的产品，就需要高度重视产品形态的设计。产品形态设计课程是高等院校工业设计、产品设计等专业学生核心素质培养的必修课程，是奠定学生设计理论、塑造学生对产品形态的立体感知能力、拓宽学生设计视野的重要途径。

对于很多产品设计初学者而言，从设计案例中发现产品形态设计方法及规律，并运用到自己的设计方案中是学习与成长的关键。本书主要以图例分析为基础，循序渐进地分析产品形态的构建方式和视觉认知规律。

本书从形态的基本元素分析到完整的产品形态图例分析，均以实例图和概括的产品形态线形分析图组合的方式进行解析，摆脱了单纯的文字解说，可以使产品设计初学者较为透彻地理解产品形态的形成方法和特点。全书运用大量直观易懂的图例分析来解析产品形态，并结合产品设计流程、产品生产技术应用等来解析产品形态的有效性，以帮助学生掌握产品形态设计的技能和方法，为产品设计打好基础。

本书的编写得到了北京理工大学出版社的大力支持，在此表示衷心的感谢。同时感谢张荣华、徐有源、吴润楷、冯淦锋等同学提供设计作品，感谢家人的支持和鼓励。

由于编写时间仓促，编者专业水平有限，书中难免存在不足之处，敬请专家、读者批评和指正。

编　者

目录
CONTENTS

第 1 章 | **产品形态设计概述**

学习目的与要求 《

　　本章主要介绍形态的基本概念、形态的类型、形态与空间、产品形态与社会背景，以及现代产品形态特征，要求学生掌握形态的定义，理解产品形态与消费者的关系，初步建立现代产品形态的观念。

1.1　形态概述

1.1.1　形态

　　形即形象、形状，如条形、线形、圆形、球形、三角形、正方形等，其主要是指事物外观形状的二维外形轮廓，不具有三维空间的特性。态是指姿态，即姿势与状态的意思。形状即事物或物质的一种存在或表现形式，主要是指物体外部可测定的、可识别的轮廓。

　　形态是指（在事物描述中）事物所表现出来的状态，建立在物体外观轮廓形状的基础上，包括质地、三维空间及物体的成形结构。

　　人们认识一个事物的形态的过程往往是从几个角度出发或按实践的发展，由形到态不断深入的。例如，儿童的认知能力还处在比较初级的阶段，表现事物时将其所观察到的事物的外部形状直接画出来，如图 1-1 所示。

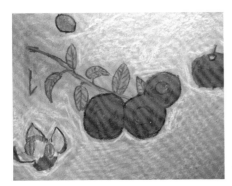  

图 1-1　儿童画的表现方式：线框、平涂的色块

1.1.2　形态的类型

世界上存在各式各样可以用眼睛看到、用手摸到的物体，这些物体大致可以分为自然物与人工物两类。自然物的形成受到其存在的内外因素影响，而人工物的形成则主要受到各种人类活动的影响。在形成过程中，自然物与人工物受到的影响因素不同，最终的形态也天差地远。自然物的形成基本不受人为影响，人工物则受创造者主观意识的影响，所以，人们以影响客观事物生成因素为依据，把形态概括分为自然形态（图1-2）和人工形态（图1-3）两个大类。

在人工形态中，人们将不能直接触摸的，必须依靠视觉认知的，存在于人的思想观念中，需要通过代表性的抽象符号来表现的形态，称作人为符号形态（图1-4）。

人们认识形态有时从轮廓入手，有时从事物的动态入手，有时从色彩或质地入手，这均是从事物最具特征的那方面入手。在认识自然界事物的形态时，往往用与它们最相近的事物来定义。例如，桂林的"象鼻山"景点（图1-5），其名字是从大象的轮廓得来的；黄山的"妙笔生花"景点（图1-6），其名字是从毛笔的形状得来的。

图1-2　海螺——自然形态

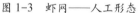

图1-3　虾网——人工形态　　图1-4　各类人为
符号形态

图1-5　桂林的"象鼻山"景点

图1-6　黄山的"妙
笔生花"景点

1.1.3　形态与空间

形态的意义不仅包括物体的外部轮廓,更体现出物体在三维空间中的体积和大小。人们若要了解一个物体形态的整体面貌,需要从不同角度进行整体观察。

物体所形成的空间反映到人的感知上,会形成两种类型的空间,即物理空间和心理空间。物理空间是指实体所限定的空间,是实实在在可以被触摸到的;心理空间是指实际中不存在,但能够被感知的空间。在产品形态设计中,把人触摸到的物理空间称为"实"空间,把人感知到的心理空间称为"虚"空间,如图1-7所示。很多现代雕塑艺术家往往运用"实"空间与"虚"空间的对比来创造艺术形式,如图1-8所示。

图1-7　螺旋线框本身占据的物理空间与圆柱体占据的物理空间相比要少很多,但形成的心理空间和圆柱体的物理空间接近

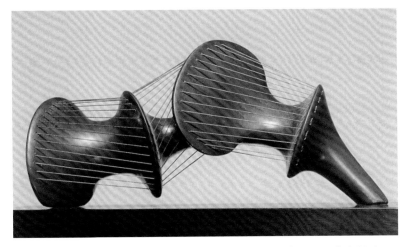

图1-8　亨利·摩尔的雕塑在空间上的创造极好地表现了形态空间的"实"与"虚"的对比

1.1.4　形态与设计

各个不同的设计领域都需要通过形态来表达设计思想。

在平面设计中，受到二维空间限制，形态的表现主要依靠图形、图像、文字三者的关系来实现，但是如果利用不同的纸和后期加工手段，也能够形成二维半及三维空间，并可利用不同纸张的材质或色彩来传递信息和情感，如图1-9所示。

产品形态创新设计赏析

图1-9　杂志设计中的二维半及三维设计

建筑设计的根本是空间的创造，其形态与人的关系紧密。人在建筑空间中移动，所观察到的建筑形态也会随之发生变化。建筑设计可以在满足空间功能的前提下，对空间形态进行创新和改造，形成具有意义的建筑空间形态，如图1-10所示。

服装体现一个人的生活方式和文化品位。当今的服装设计千变万化，各种材料都被广泛运用，但在形态的表现形式上还是离不开形态元素——点、线、面，如图1-11所示。

图1-10　日本建筑设计大师安藤忠雄对设计的建筑"水之教堂"空间形态的改造

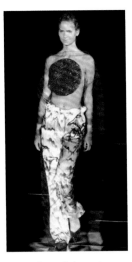

图 1-11　服装设计对形态元素的综合运用

1.2　产品形态

1.2.1　产品形态与社会背景

产品是指人工制造出来的物品，是解决人类生活需求的人工物。因为不同时代产品形成的因素相差很大，所以产品形态相去甚远。

人们可以将不同时代的容器和建筑进行比较：原始社会的半坡氏族使用的陶制容器与木质建筑物如图 1-12 所示，ALESSI 生产的金属果盘与古根海姆博物馆的金属墙面如图 1-13 所示。

从上面的例子可以看出，因为产品的产生受到当时的社会生产条件和人们生活环境的影响，所以会有不同的形态特点及时代印迹。其中，生产技术水平和人们的审美起到关键性的作用。

生产技术水平的高低决定着产品形态形成与发展的好坏。从 20 世纪七八十年代的生活用品到当今的数码产品，产品的形态、质地发生了深刻的变化。IMD（模内转印）、二次注塑等技术都给当代产品带来了丰富的形态外观，如图 1-14 所示。

图 1-12　半坡氏族使用的陶制容器与木质建筑物

图 1-13　ALESSI 生产的金属果盘和古根海姆博物馆的金属墙面

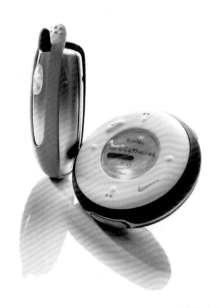

图 1-14　运用各类当代制造技术创造的产品外观

1.2.2　产品形态与消费者

由于消费对象不同，在精神上，产品形态势必要从使用者的审美需求考虑。正如前一节所讲，不同人群受其自身对产品形态认知经验和自身价值表达驱动的影响，表现出的审美需求也各不相同。

大多数时候，人们评价产品形态往往以"好看""不好看"为标准，同时也希望以此体现自己的审美水平。"审美"是艺术范畴的一个词，因此产品形态的创造也会受到艺术潮流的影响。

消费者与设计师在产品认知上存在着差异。消费者认识事物时首先寻找和自己产品认知经历相关的形式。他们只拥有简单的认知水平，并不需要理解产品形态的内在内容，只要求产品满足自身的需求。在平时生活中对事物形态辨识的时候，消费者往往会以"像什么""不像什么"为标准来确立事物的形态特征，找到符合自己的认知偏好，并作出选购产品的决定。生活中使用的产品和外界广告潮流影响着消费者的认知水平，先前的经验（抽象变为具象）会成为评判标准。

因为设计师对产品有充分完整的认识，所以其评价能力要高于消费者，但是设计师不能将自己对产品形态的标准强加给消费者，而需要从消费市场中寻求规律，找到形态发展的趋势并将其应用到设计中。

1.3　现代产品形态特征

当今社会，人们的生活越来越多元化，同一类产品也表现出多种不同的形态特征。市场上的产品大多数有自己的形态设计，而这些形态也会因消费潮流的影响而改变。

1.3.1　几何形态的主导性

由于科技发展和信息技术革命，产品设计的原则"形式服从功能"逐渐受到挑战，形态与功能之间的关系被改变。产品的极大丰富，间接提高了消费者对产品的认知能力。崇尚技术、体现理性设计成为当今设计的潮流。在这种趋势下，几何形态占据主导地位，产品形态设计通过材料、色彩的运用以及形态元素组合的方式，创造出无穷的新形式，同时表达着符合逻辑的秩序关系。图 1-15 所示为几何形主导的家电产品形态。

图 1-15　几何形主导的家电产品形态

1.3.2　新材料和技术的多层次运用

产品形态设计通过新材料、新技术的多层次运用，传递出产品形态信息。我们可以从 Apple iMac 电脑的变化看到技术和材料的运用对产品形态产生的巨大影响。Apple iMac 电脑的体积不断缩小，材料从二次注塑技术的塑料变成切削加工成型的铝材，其饱满圆润的外观形态演变为以直线为主的纤薄形态，其形态演变如图 1-16 所示。

（a）　　　　　　　　　　　　　　　　　　　　（b）

（c）　　　　　　　　　　（d）　　　　　　　　　　（e）

图 1-16　Apple iMac 电脑的形态演变

（a）1998 年——iMac G3；（b）2002 年——iMac G4；（c）2005 年——iMac G5；（d）2009 年——iMac；（e）2012 年——iMac

1.3.3　设计理念的多样化

　　在当代，设计界多位设计家提出了自己的设计理念。例如，由原研哉提出的"REDESIGN"——重新设计理念，思考设计的本质，成为指导无印良品的产品设计和销售理念。无印良品聘请日本设计师深泽直人为其设计的 CD 播放机如图 1-17 所示，深泽直人用拉绳对 CD 机进行播放操作，这体现了他的"无意识设计"（Without Thought）即"直觉设计"的设计理念——将无意识的行动转化为可见之物。出生于英国的设计师 Sam Hecht 为美国工业设计奖设计的闹钟体现了简约、纯粹的设计理念，如图 1-18 所示。

图 1-17　深泽直人设计的 CD 播放机

图 1-18　Sam Hecht 为美国工业设计奖设计的闹钟

课件：产品形态设计
能力发展示意图

产品形态设计的基本元素 | 第 2 章

学 习 目 的 与 要 求 《

本章由浅入深地讲述构成产品形态的基本元素——二维空间形态元素和三维空间形态元素，以及形态元素的组合关系和材质色彩的相关内容，要求学生掌握各类形态元素的视觉特性及应用规律。

在产品设计中，设计师会通过大量运用抽象视觉艺术手段来创新产品形态。抽象绘画艺术家康定斯基将点、线、面作为抽象绘画艺术的形态元素来创建现代视觉艺术，并将抽象绘画艺术规律用于包豪斯的设计教学，影响着现代设计。点、线、面这些抽象的形态元素在和产品属性结合后成为产品形态设计的手段。这些形态元素按空间性质划分为二维空间形态元素和三维空间形态元素两类。在一件产品中，这些形态元素可以以多种方式相互组合，构建出产品的形态。

2.1　二维空间形态元素

点、线、面、体的几何学关系如图 2-1 所示。

2.1.1　点

在几何学中，点没有大小，只表示空间中的一个位置，但是它一旦物质化后就有了大小和形态。

1．点的视觉特征

当点存在于一个空间内时，其就在环境中产生了一种客观存在的视觉感受，并主动影响着其周围的视觉空间，组织着它所处的空间范围，并形成点的视觉张力。图 2-2 所示为点的视觉空间与张力。

（1）当点处于中心位置时，因为它符合人的视觉平衡，处于对角线的交点处，它是稳定的、静止的，并成为区域内的统治因素。图 2-3 所示为处于区域中心位置的点与周围空间的关系。

（2）当点向旁边平移后，改变了视觉平衡，产生了动势。因为点离中心位置近，所以产生了向心的张力。图 2-4 所示为偏于区域中心位置的点与周围空间的关系。

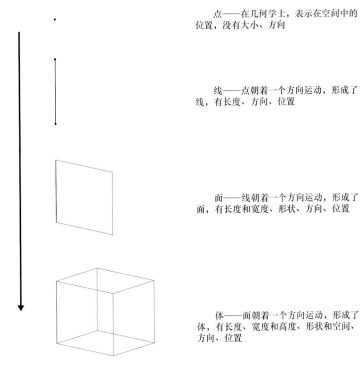

点——在几何学上，表示在空间中的
位置，没有大小、方向

线——点朝着一个方向运动，形成了
线，有长度、方向、位置

面——线朝着一个方向运动，形成了
面，有长度和宽度、形状、方向、位置

体——面朝着一个方向运动，形成了
体，有长度、宽度和高度、形状和空间、
方向、位置

图 2-1　点、线、面、体的几何学关系

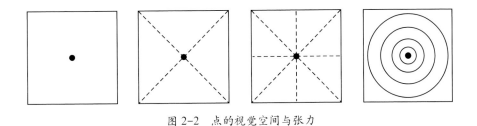

图 2-2　点的视觉空间与张力

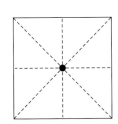

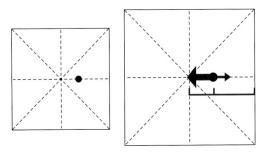

图 2-3　处于区域中心位置的点与周围空间的关系　　　图 2-4　偏于区域中心位置的点与周围空间的关系

（3）点离边线位置近时产生了离心的张力。不同于前一种情况，点偏离了通过中心点的水平线，所以离心的张力更强烈。图 2-5 所示为靠近区域周边位置的点与周围空间的关系。

（4）当点接触边线后，动势消失，点又表现为稳定、静止。图 2-6 所示为紧贴区域周边位置的点与周围空间的关系。

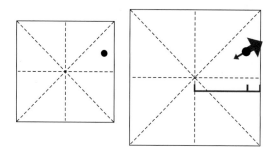

图 2-5　靠近区域周边位置的点与周围空间的关系

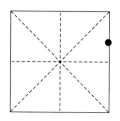

图 2-6　紧贴区域周边位置的点与周围空间的关系

2．点群的视觉特征（两个或两个点以上形成的点群）

当两个或两个以上大小或形态相似的点之间的距离接近时，便会受张力的影响形成一个整体；当两个点离边线近时，无法形成紧密关系的点群，如图 2-7 所示。

当两个点离边线远时，它们之间的距离变近，形成了有紧密关系趋势的点群，如图 2-8 所示。

当四个点之间的距离近时，它们相互之间的关系紧密，就会形成点群，如图 2-9 所示。

不同点群排列所表现出来的形态特点、视觉感知如图 2-10 所示。

对不同产品上的按键进行抽象化分析，这些按键表现出了不同的点群关系，如图 2-11 ～图 2-15 所示。

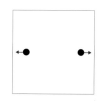

图 2-7　无紧密关系的点

图 2-8　有紧密关系趋势的点群

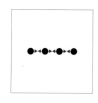

图 2-9　有紧密关系的点群

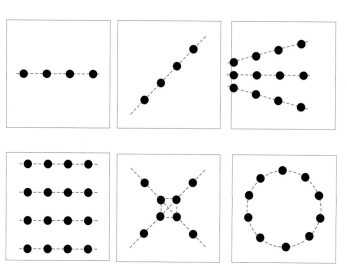

图 2-10　不同点群排列所表现出来的形态特点和视觉感知

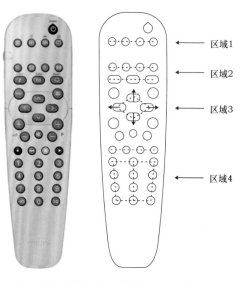

图 2-11　遥控器按键排列形成的点群关系

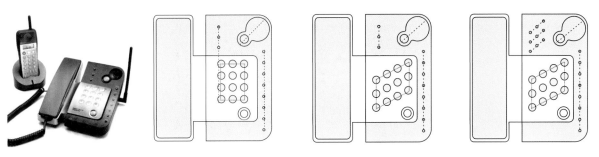

图 2-12　电话上的按键排列形成的点群关系

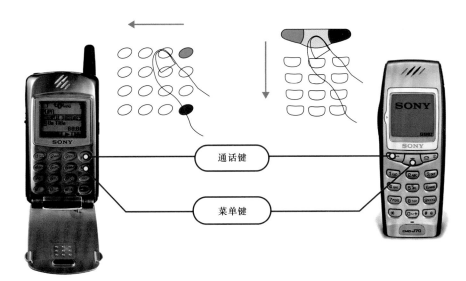

通话键

菜单键

图 2-13　早期索尼手机的按键形态

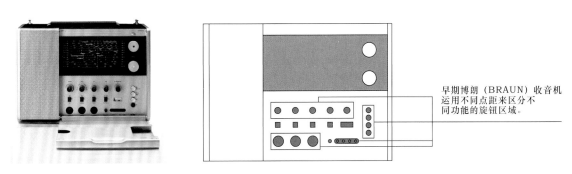

早期博朗（BRAUN）收音机运用不同点距来区分不同功能的旋钮区域。

图 2-14　早期博朗收音机按键排列形成的点群关系

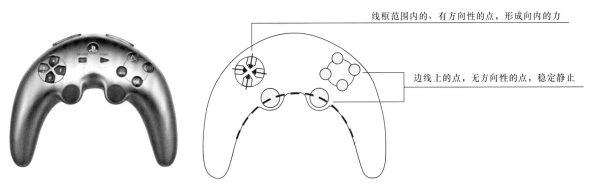

线框范围内的、有方向性的点，形成向内的力

边线上的点，无方向性的点，稳定静止

图 2-15　索尼 PS3 游戏手柄上按键排列形成的点群关系

在产品外观形态上，可以被感知为点的情况非常多，如按键、散热孔、发音孔、文字图标、指示灯等，但是，这些具备点的性质的部件有时大小不一，甚至超出原有的认知范围转变成了"面"，这时就需要将其与周围空间联系起来分析。

一般情况下，点被认为是圆形的，其实只要具备点的性质，点就能以多种形态来表现，以增加形态的多样性并表达不同的设计思路或产品功能（图 2-16）。

点在空间中的大小比例关系如下：

（1）点在周围空间中的大小比例如图 2-17 所示。

（2）点与同一空间中的其他形态之间的关系（以数码相机为例）如图 2-18 所示。

3．点在产品形态设计中的应用

点在产品形态设计中的应用如图 2-19 所示，按键、文字、图标、音孔、风孔、排水孔及指示灯等，以点的形态在产品上出现，这些点以不同的形态和排列组合方式产生不同的视觉效果。

图 2-16　具备点的性质的各类点的形态

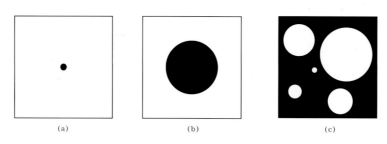

图 2-17　点在周围空间中的大小比例

（a）单一点；（b）增大面积，随即点的性质消失；（c）在整个平面空间中，通过对比关系所形成的点

 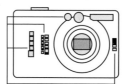

数码相机上的取景窗和文字，在与相机整体
所形成的比例下，具有的点、点群性质

图 2-18　点与同一空间中的其他形态之间的关系

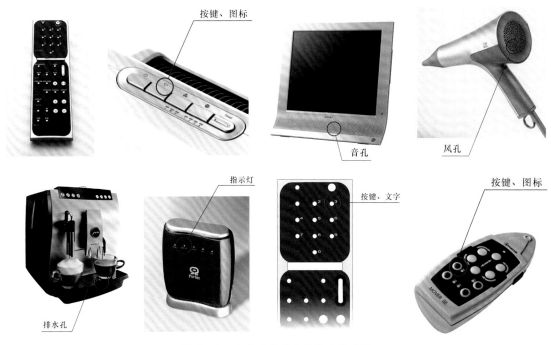

图 2-19 点在产品形态设计中的应用

2.1.2 线

在几何学范畴内，线同样是看不见的实体，被定义为点在移动中留下的轨迹，线的形可以被看成点受到某些力的作用而形成的。虽然线的几何意义指明线没有宽度，但是在视觉上必须有一定的宽度才能被看见，而且它的特征必定受到长宽比、外轮廓和连续程度的影响。若由相互类似的元素作简单的重复并有足够的连续性，在视觉上同样也会形成线，且形态丰富。线可以用来连接、联系、支撑、包围、贯穿或截断其他视觉要素。线可以用来描绘面的轮廓、赋予面的形状，在视觉上表现方向、运动和增长，且具备视觉张力。线可以是几何形，也可以是自由形。它用来描述面的外形，表现面的外观。

1. 线的类型及视觉特征

线分为直线、折线、曲线三类。

（1）直线。直线的方向及视觉特征如下：

①直线可以表现平衡、支撑、动态的视觉特征。处于水平方向的直线安定、平稳，符合人的视觉的力平衡。水平的直线——平衡如图 2-20 所示。

②一条垂直的直线，其处于重力平衡的状态，表现支撑的视觉特征。垂直的直线——支撑如图 2-21 所示。

课件：产品形态分类与分析

微课：线的构成形式

图 2-20 水平的直线——平衡

图 2-21 垂直的直线——支撑

15

③与水平的直线和垂直的直线偏离的线为斜线，可以被感知为垂直线在倒下或水平线在翘起，因此斜线处于运动的、不平衡的状态中，它是视觉的活跃因素。不同角度的斜线，其被感知的状态也有所差异，按几何级数角度变化的斜线相对于自由变化角度的斜线更规则，更容易被识别和理解。倾斜45°的直线——规则动态如图2-22所示。倾斜任意角度的直线——自由动态如图2-23所示。

图2-22 倾斜45°的直线——规则动态

（2）折线。折线形成的角度不同，所能产生的视觉张力也不同，表现的视觉特征也有很大差异。

①直角折线的张力稳定，角度变化处于平衡中，如图2-24所示。

图2-23 倾斜任意角度的直线——自由动态

②钝角折线的张力减弱，角度变化离平衡状态越来越近，表现出迟钝、呆板，有时却又显得优雅，如图2-25所示。

③锐角折线的张力处于上升期，也是反抗压力的活跃时期，显得敏锐而且强烈，如图2-26所示。

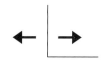

图2-24 直角折线

（3）曲线。在大自然中，很多形态都是曲线构成的，所以有时由曲线构成的形态被称为有机形态。曲线包含几何曲线和自由曲线。

①几何曲线。几何曲线的形式有正圆形、椭圆形、弧线、抛物线、涡线等。几何曲线符合一定的秩序，按照明确的规律成形，所以比较容易被识别。

正圆形——正圆形是完全轴中心对称的形状，和正方形一样具有很强的秩序感和稳定性。正圆形是一个具有向心力、高度集中性的图形，在其所处的环境中产生中心地位的感觉。

图2-25 钝角折线

椭圆形——椭圆形与正圆形有相似的特性，因为椭圆形形成时受到了一组相反方向力的作用，所以比正圆形更有方向性，具备动感。

弧线——弧线是圆形上的一段线段，所以具备圆形的某些特征，例如，有较强的秩序感，但是张力方向是向外的。

图2-26 锐角折线

抛物线——抛物线又称为波浪线，其起伏变化有规律，按水平走向在其波峰和波谷形成方向相对的两个张力，当张力的大小变化时，其所表现出的动态更强烈。

涡线——涡线有时也称为螺线，自然界中存在着多种类型的涡线，它表现出生长状态的生命特征，且具有数学规律。鹦鹉螺形成的涡线是极易打动人心灵的，其剖面如图2-27所示。

②自由曲线。当几何学的规律性消失后，曲线的变化将变得无序甚至杂乱无章，让人难以理解。其实，看似不可理解的这类曲线，也是可以通过稍加整理分析而被理解的。

直线有基本的张力，即向线的两端发展，而曲线则不同，它受

图2-27 鹦鹉螺的剖面

到第三种力的影响，方向相反且大于前两种力，所表现出的动势和力量更加明显。直线和曲线形成了具有对比性的线型。

直线——稳定、平静、刚性。水平直线的张力如图2-28所示。

曲线——动感、活跃、柔和。曲线的张力如图2-29所示。

音箱网格线排列方向的变化对产品形态的影响如图2-30所示。

正圆形的张力方向是内向性的，力的大小分布均匀，视觉表现稳定，如图2-31所示。

椭圆形长轴方向的张力大于短轴，视觉表现有动感，如图2-32所示。

在水平走向交替的作用力下形成的抛物线如图2-33所示。

作用力改变后形成的抛物线如图2-34所示。

作用力大小无规律、力的走向排列也无序的变化自由的曲线如图2-35所示。

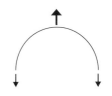

图 2-28　水平直线的张力

图 2-29　曲线的张力

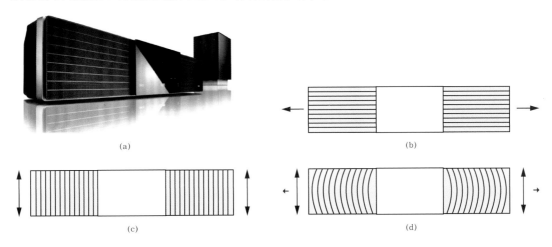

图 2-30　音箱网格线排列方向的变化对产品形态的影响

（a）音箱网格线；（b）按垂直方向排列的线，加强了产品水平方向的扩展；（c）按水平方向排列的线，加强了产品垂直方向的扩展；（d）按水平方向排列的弧线在加强产品垂直方向的扩展的同时也加强了产品水平方向的扩展

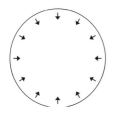

图 2-31　正圆形的张力分布

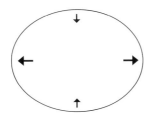

图 2-32　椭圆形的张力分布

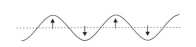

图 2-33　作用力均匀分布的抛物线

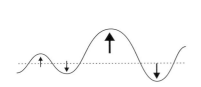

图 2-34　作用力分布不均的抛物线

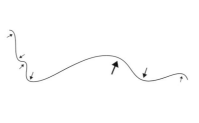

图 2-35　变化自由的曲线

2. 线在产品形态设计中的应用

不同的线对产品外观的作用不同，因此，产品表面装饰用的美工线与产品零件美工线的视觉效果不同。

各种类型的产品表面装饰用的美工线能够在不改变产品主体形态特征的基础上，强化产品形态的细节，提升对用户的吸引力。另外，对透明件加强筋进行形态设计，同样能够起到优化产品形态的作用。产品表面装饰用的美工线的多种应用方式如图 2-36 所示。

产品零件要符合结构和生产工艺要求，在满足这些限定条件的情况下，可以创造性地运用产品零件美工线，为产品形态添加细节，如图 2-37～图 2-39 所示。

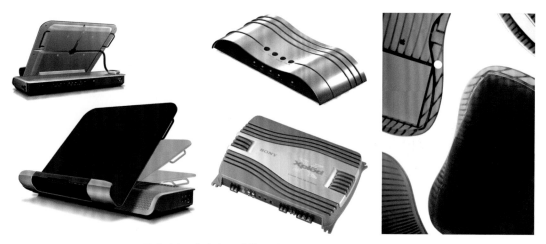

图 2-36　产品表面装饰用的美工线的多种应用方式

图 2-37　抛物线形式的产品零件美
工线给产品形态带来动感

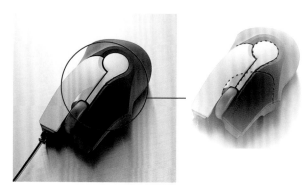

图 2-38　形态硬朗的产品零件美工线
突出了鼠标的个性

图 2-39　弧线形态的产品零件美工线显得
有秩序性，且给整个产品形态带来张力

18

2.1.3　面

面是线按某一方向移动的轨迹，二维空间中的面有长、宽和形状。二维空间中的面在视觉上，主要是由线封闭形成的形状，这是面最重要的识别特征。在视觉构成中，面又起着限定空间界限的作用。

1．面的形状及视觉特征

（1）由直线形成的面。

1）由直角构成的矩形。

①正方形——表现出纯粹和理性，是静态的、中性的图形，没有主导方向。

②长方形——可以被看成正方形的变体。

2）由锐角、钝角构成的三角形或多边形。

①三角形——当它的一边与水平线平行时，它是一个极其稳定的形状，当这种情况改变时，必将产生不稳定的动态，如图 2-40 所示。

②多边形——当超过四条边以上时，随着边线数量的增加，它越趋向于圆形，形状就越饱满。

受到图底关系的影响，人的视线被三角形所在的支撑线吸引（因为三角形与水平线形成了重力与支撑力的对应，所以三角形边线与外部的水平线所形成的角被更早地关注，影响了三角形的视觉稳定），如图 2-41 所示。

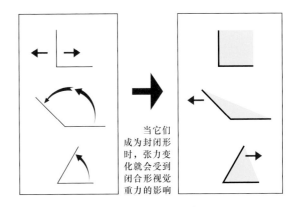

图 2-40　折线角度的变化蕴含着成为封闭面的视觉重力的变化

微课：面的构成形式

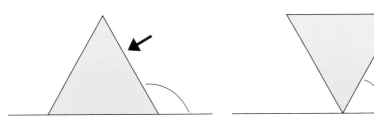

图 2-41　视觉重力随三角形放置角度的变化而变化

（2）由几何曲线形成的面。正圆形、椭圆形形成的面都有饱满、圆润的特点，也是最易被人识别的形态之一。椭圆形有比较明确的轴线，因此相比正圆形更易被人认知，并具有感性的一面，如图 2-42 所示。

（3）由自由曲线形成的面。因为自由曲线的变化是无规律的，其所形成的面也更少传达出理性的秩

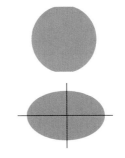

图 2-42　椭圆形具有比较明确的轴线

序，所以更难以被人理解，表现出感性或具有艺术感染力的情感特征。

（4）凸形和凹形状态的面。凸形和凹形是一组相对的形态，凸形表现出明确的力量感，而凹形更擅于表现二维空间中的虚形。凸形与凹形的视觉对比如图 2-43 所示。

（5）由不同曲线形成的面。由不同曲线形成的面所呈现的视觉特征如图 2-44 所示。

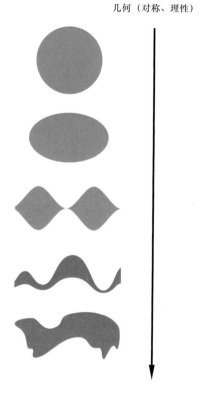

几何（对称、理性）

自由（非对称、感性）

图 2-43　凸形与凹形的视觉对比

图 2-44　由不同曲线形成的面所呈现
的视觉特征

2. 面在产品形态设计中的应用

设计师往往利用二维轮廓概括所形成的面来评估一个产品形态轮廓的视觉效果（图 2-45）。

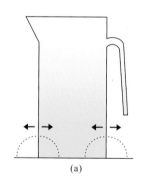
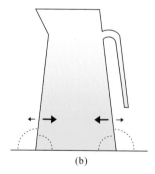
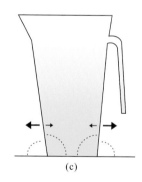

(a)　　　　　　　　　(b)　　　　　　　　　(c)

图 2-45　产品形态轮廓概括后的面所呈现的视觉效果

（a）壶底内显得外角均为直角的水壶外形显得稳定、安静；（b）壶底内角为锐角、外角为钝角的水壶外形显得迟钝，但有时会表现出一些优雅的效果；（c）；壶底内角为钝角、外角为锐角的水壶外形表现出动势、高挑，显得有些不稳定

艾利和 HiFi 播放器（图 2-46）在面板上将长方形外观缩小并旋转 7°，形成了具有动态效果的产品界面。

JBL Jembe 电脑多媒体音箱（图 2-47）的外观采用了斜线分割，从而形成了三角形网罩，给传统的多媒体音箱增加了较为犀利的视觉效果。

设计师 Alexandre Touguet 用六边形蜂窝作为计算器的按键形态，简洁且富于变化，如图 2-48 所示。

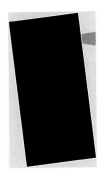

图 2-46　艾利和 HiFi 播放器

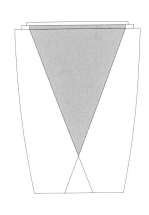

图 2-47　JBL Jembe 电脑多媒体音箱

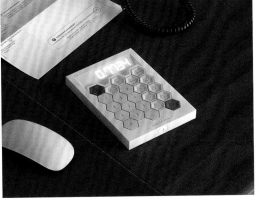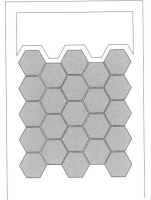

图 2-48　Alexandre Touguet 设计的计算器按键形态

2.2 三维空间形态元素

因为光的存在，人们可以观察到产品的体积、材质和色彩。所以，产品形态在三维空间中时，人们可以通过视觉感知其存在，更能通过触觉感受它的质量和表面材质特征。对于一件产品，消费者往往先通过视觉来认知，然后通过触觉或者其他感觉器官（嗅觉器官、听觉器官等）进一步对其进行全面了解。

印象派画家塞尚说过："所有事物都脱离不了立方体、三角锥和圆柱。"随着社会的发展，人们的审美能力不断提高，立方体、三角锥和圆柱已不能充分担当起形态基本元素的角色。在现代生活中，产品形态丰富多样，各种类型的形态充斥着整个生活环境，对这些形态中的三维立体构成特性进行分析，可以将它们归纳为几种基本的形态元素，即点、线型、面片和体块。这些形态元素发源于二维空间形态元素，但比之复杂和丰富得多。

消费者感知一个产品的外部形态需要完成一个视觉认知过程，但是这个过程所需要的时间很短，而且消费者不一定与产品直接接触。单纯从外部形态认知来说，首先是抽取观察者最为熟悉的形体，找到可以被观察者理解的、抛弃了细枝末节的基本形，或基本形组合；而后进一步理解基本形细部的变化，或基本形组合之间的结构关系变化；最后才能形成完整的产品整体形态认知。实际上，消费者只对能引起他们注意的产品形态去完成这一过程。当然吸引消费者关注的有多个方面，包括色彩、材质等。

将三维空间形态元素按空间视觉性质，由实到虚地以递减顺序安排，其次序是体块、面片、线型（图 2-49）。由体块、面片、线型、点三维空间形态元素构成的产品形态如图 2-50 所示。

课件：空间

课件：三维空间形态元素

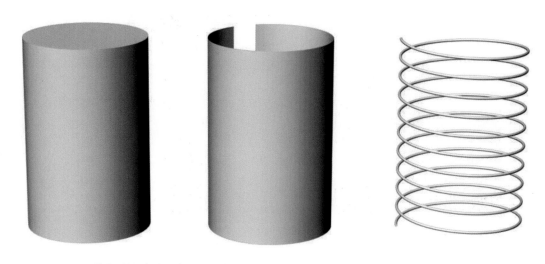

图 2-49　表达圆柱三维状态的三种形态元素——体块、面片、线型

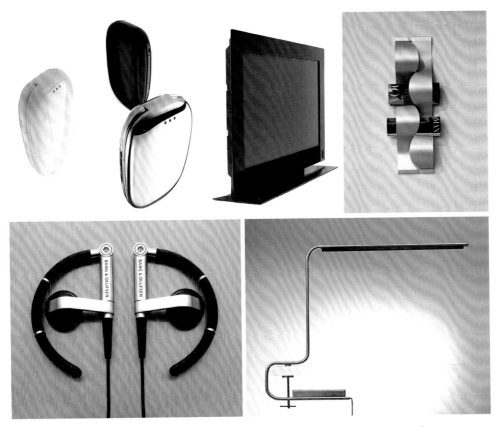

图 2-50　由体块、面片、线型、点三维空间形态元素构成的产品形态

2.2.1　体块

体块是构成产品形态最常用的基本元素，它是在家用电器、数码产品、电动工具等几类产品中实现功能、包裹内部机件最有效的完全封闭性形体。

1．体块的类型

体块的形式虽然千变万化，但也是从最基本的几种体块中发展而来的。这些体块可以分为直棱体和曲面体。

（1）直棱体（图 2-51～图 2-54）。直棱体可分为矩形体和棱锥两类。

（2）曲面体（图 2-55 和图 2-56）。曲面体可分为几何曲面体和自由曲面体两类。

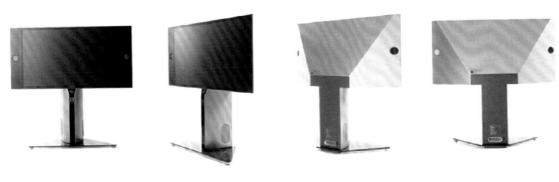

图 2-51　直棱体（棱锥）组合形成的电视机

图 2-52　直棱体（矩形体）
形成的 MP3 播放器

图 2-53　直棱体（矩形体）、几何曲
面体（圆柱、球冠）组合形成的秤

图 2-54　直棱体（矩形体）、
几何曲面体（圆锥）组合
形成的收音机

图 2-55　几何曲面体（圆柱、斜圆台）
组合形成的咖啡机

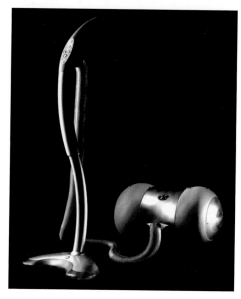

图 2-56　由自由曲面体形成的吸尘器

2．以体块为基本形的产品形态

体块在产品形体形成中约束较大，限制着产品形态表达的自由，但是以体块为基本形，将其改造后便能形成更多的形体设计语言。

（1）以直棱体——矩形体为基本形，将棱边倒角形成的形体如图 2-57 所示。

倒角弱化了纯粹的直棱体冷漠、呆板的形象，同时保持了简约的设计语言，但是要注意的是，倒角半径 R 的大小影响着形体的变化，如图 2-58 所示。当倒角半径 R 达到直棱体中最短边的一半时，原来矩形体的主要特征就会完全消失，取而代之的是圆柱体与矩形体的组合。由倒角直棱体块形态元素构成的产品形态如图 2-59 所示。

（2）以曲面体——球体为基本形，对其进行变形或切削或切削后改变轴线，以实现功能性和形体特征。对曲面体块的改造示意如图 2-60 所示。

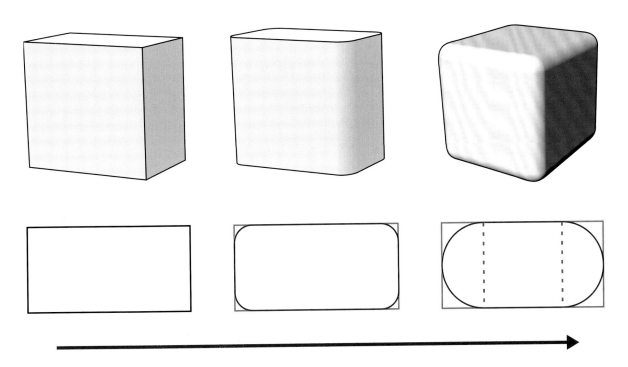

图 2-57　对直棱体——矩形体棱边倒角后形成的形体

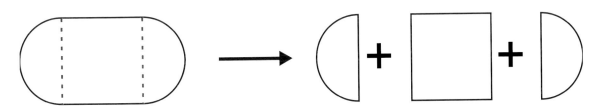

图 2-58　倒角半径 R 的变化对形体的影响

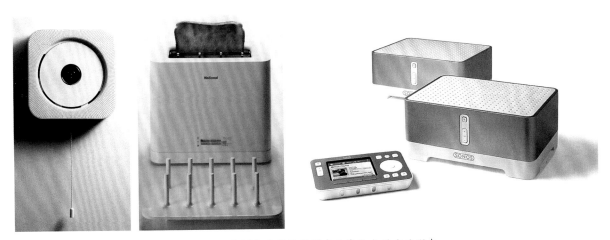

图 2-59　由倒角直棱体块形态元素构成的产品形态

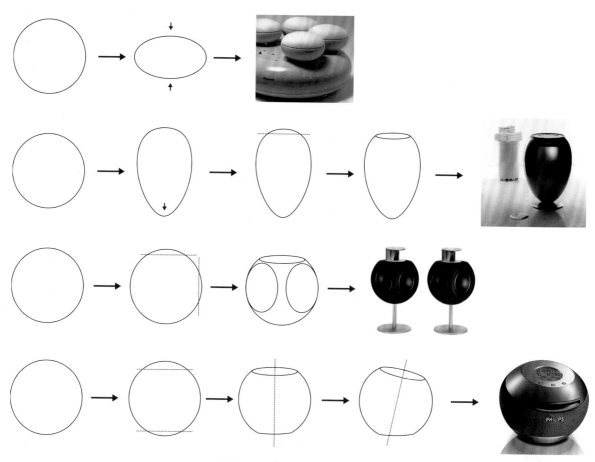

图 2-60　对曲面体块的改造示意

2.2.2　面片

　　"面片"一词常被用在计算机三维建模软件中，表明实体模型表面的组成部分。从各类体块中都可以抽取出与其相对应的形态特征的面片。从直棱体中可以抽取出平面面片，从曲面体中可以抽取出曲面面片。

　　面片不具备体块那种完整的、完全封闭的包容性，似乎只能起一种辅助作用。当改变了产品形态的发展观念后，人们可以发现面片在完成产品功能后的创造力所带来的惊喜。当面片和其他形体组合时，产品形态的表现语言将变得更加丰富多彩。例如，由概念汽车的座椅（图 2-61）可以感受到面片的独特魅力；在灯饰、家居用品（图 2-62）中大量采用面片可以实现产品功能；以面片为主要形态元素的个人计算机（图 2-63）设计，改变了原来以体块为主的设计，使显示器、主机、多媒体音箱都变"薄"了，计算机各部件之间产生了虚空间，从屏幕至主机部分为四个层次，使空间关系变得丰富了。

图 2-61　概念汽车的座椅

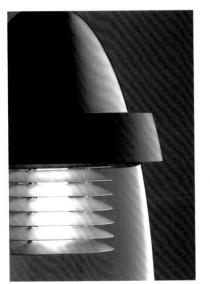
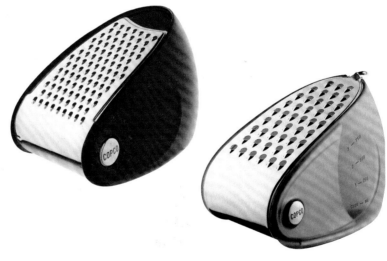

图 2-62　灯饰、家居用品

图 2-63　以面片为主要形态元素设计的个人计算机

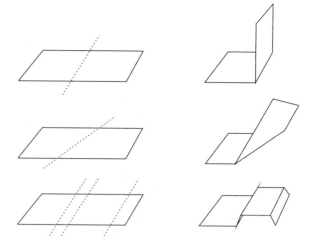

1. 平面面片

平面面片能够表现出轻巧、纤薄、挺拔等视觉特征，能够以多种组合方式形成更多的形体。其在家居、家具、办公等不需要包裹内部机构直接以形体结构为形态的产品上应用广泛。平面面片的形成脱离不了二维平面内的图形，图形轮廓的变化影响着平面面片在整个产品形态中的作用。平面面片通过轴线的弯折变化（图2-64），以多种方式组合再加工，能够产生无穷的产品形态。由平面面片构成的文具、家具如图2-65所示。

图 2-64　平面面片的弯折变化示意

图 2-65　由平面面片构成的文具、家具

2．曲面面片

曲面面片可以给产品带来完全不同的空间结构，主导曲面面片的轴线方向影响着曲面面片形态的变化。

欧洲学生设计的 NOKIA 概念多媒体娱乐设备（图 2-66）摒弃了传统的方形盒子，以抛物线成形的几何曲面面片的形态设计，表达了全新的设计理念。

该设备采用弧线特征的铝合金几何曲面面片为前面板，与主机盒结合改变了单一的体块形态，增加了形态空间层次。图 2-67 所示为多媒体控制面板。

早期 SONY 显示器后盖即采用曲面面片的形态，且四边以弧线形内陷，呼应面片的曲面特征，增加了显示器后背的空间层次，如图 2-68 所示。

以抛物线成形的几何曲面面片，其面片的分割同样采用抛物线，既实现功能，形态又达致完美。图 2-69 所示为几何曲面面片构成的杂志架。

图 2-66　NOKIA 概念多媒体娱乐设备　　　　　图 2-67　多媒体控制面板

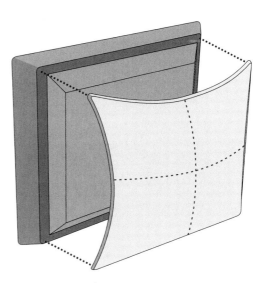

图 2-68　早期 SONY 显示器后盖曲面面片形态

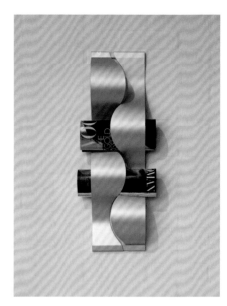

图 2-69 几何曲面面片构成的杂志架

2.2.3 线型

处于面片边缘的线虽然有能够成为线型特征的可能，但是在产品形态中，线型可以是完全独立的，能够形成不同于体块、面片空间性质的三维空间形态元素。这里所指的线型不同于产品整体外轮廓所形成的产品外形线型特征的概念，它是非平面的，具备三维形体空间的性质，可测量，有体积，有物理性质，能够被赋予材质并实现产品功能。

线型能够以很小的空间体积占有量表现出与体块相同的产品形态，但是其所表现的空间变化要比体块和面片活跃得多。例如，图 2-70 所示的 PHILIPS 头戴式耳机的头带与耳罩连接部分改变了以往的方式，用线型头带部分可直接贯通连接。

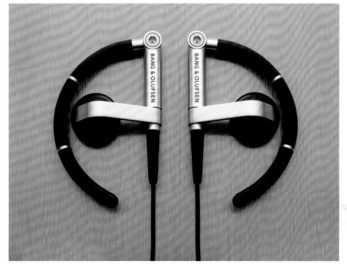

图 2-70 PHILIPS 头戴式耳机

B&O 耳机的耳挂部分采用正圆形的线型，配合了其品牌一贯的严谨、理性、高贵的产品形象，如图 2-71 所示。

在生活用品一类的产品中可以运用线型设计。有些只是单一线型的设计，简洁纯粹；也有一些是用线型排列组合的，表现出通透的空间感，且独具匠心。线型构成的生活用品如图 2-72 所示。

对于具有功能性的家电控制按键来说，用线型的形态来表现极具表现力，如图 2-73 所示。

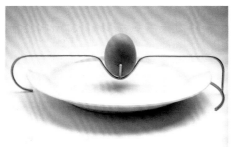

图 2-71　B&O 耳机

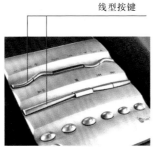

图 2-72　线型构成的生活用品　　　　图 2-73　线型构成的影音家电控制按键

2.2.4　点

前一节的叙述将产品界面或产品外形简化为二维平面来分析其中具备点的性质的形态元素和产品整体的构成关系。点存在于产品表面功能性的按键、散热孔、指示灯中，在符合整体构成关系的前提下，能够以更多的三维形态出现，以突出产品形态的细节特征，增强设计表现的层次感。

在图 2-74 所示的三维空间点按键表面结构线中可以看到，按键采用三维空间点的形态，通过赋予其更多的空间特征，按键的功能也被明确区分。

SONY 显示器为了保持面板的平整，将按键设计成与面板处于同一平面内，又使调节按键的中心稍稍凸起以区别于电源键，如图 2-75 所示。

曾经独步全球的 NOKIA 手机的按键随着机型的变化，创造出丰富多彩的三维空间点的形态，如图 2-76 所示。

课件：形式美法则

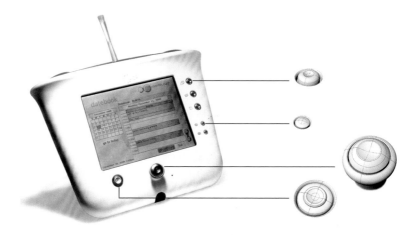

图 2-74　三维空间点按键

课件：形态秩序—
比例

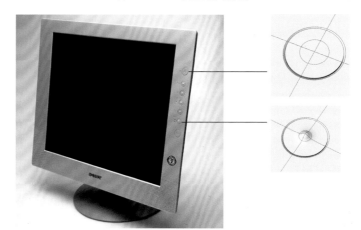

图 2-75　SONY 显示器上的点按键

课件：从轮廓到形体

图 2-76　NOKIA 手机的按键

2.2.5　形态元素组合

形态元素往往以多种组合的方式出现在产品形态上。形态元素本身被不断地创新和发展，但组合方式有基本的规律。形态元素组合可分为穿插式组合、邻接式组合、包容式组合三种。不同的组合方式产生不同的产品形态类型，同样也可以表现产品的功能属性。形态元素组合的运用是千变万化的，特别是在三维形态中，每一个组合方式都可以衍生出更多的差异性组合，所以有时难以明确区分，只有通过这些元素在产品形态中的等级次序，才能较为清晰地辨别其组合方式，理解形态形成的过程和所要传达的信息。图 2-77 所示为二维平面内形态元素的演变及其组合的变化过程。

1．形态元素的等级

产品的形态元素组合时，它们之间的等级次序影响着产品形态表现的整体性。这些等级关系是保证形态元素在组合时达到产品形态韵律感、节奏感等视觉秩序的重要条件。等级关系可以通过组合元素的大小、比例、动态关系等来区分。

产品形态元素按其在等级次序中的主次关系可以分为主导性元素、次要性元素、附属性元素三个等级。

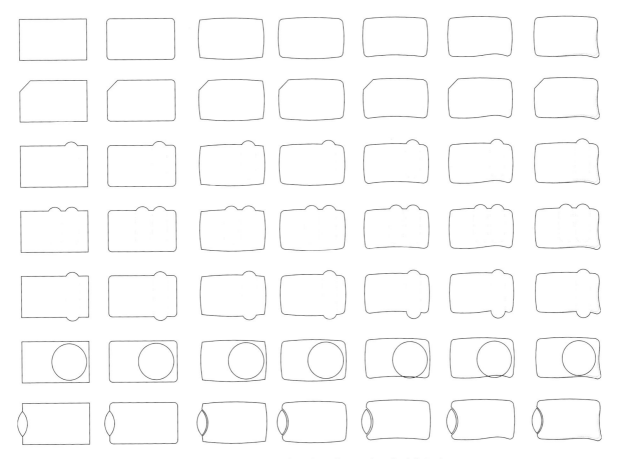

图 2-77　二维平面内形态元素的演变及其组合的变化过程

33

各个元素的形态可以从最基本的几何形体来概括理解，元素的各种变化影响着组合后的产品形态，如图 2-78～图 2-80 所示。

2. 形态元素的组合方式

（1）邻接式组合。邻接式组合表明组合元素互不相交或包含，各个独立的形态元素并置，或由第三元素组合连接起来，组合中的形态元素完整、独立。

邻接式组合方式决定了组合中元素之间的主次关系。体量大的或动态强的元素处于主导地位，支配着组合中的元素，影响着产品形态的最终表达，如图 2-81～图 2-85 所示。

（2）穿插式组合。穿插式组合的几个形态元素相互重叠但并不包容，元素保持本身特征。穿插式组合以两种方式成形：一是形态元素相加，二是形态元素相减。

穿插式组合给产品形态创造增加了很多方式，也形成了更多的形态空间，但是其中元素的变化会影响组合的整体性，把握形态元素的主次关系（主导性元素、次要性元素和附属性元素）是解决整体性问题的关键。

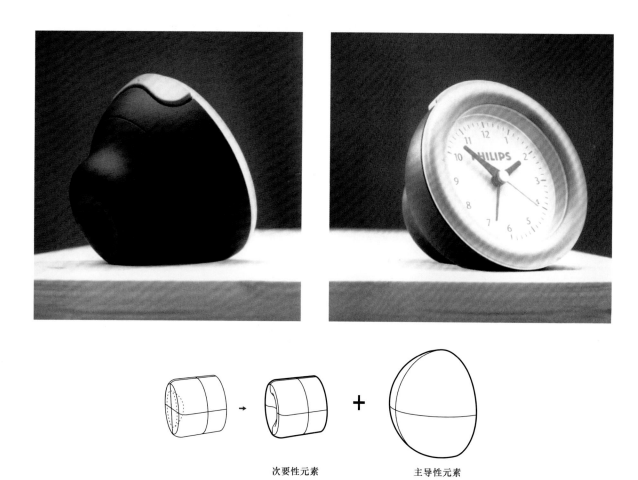

次要性元素　　　　主导性元素

图 2-78　主导性元素——半球与次要性元素——倒角的圆柱组合

主导性元素　　　　　次要性元素

图 2-79　主导性元素——倒角后的三棱柱与次要性元素——变形后的椭球组合

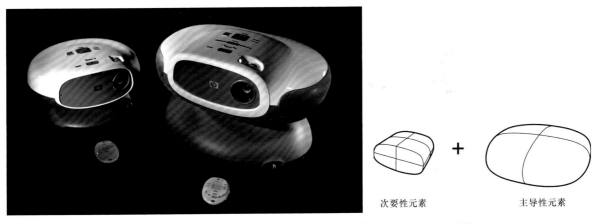

次要性元素　　　　　主导性元素

图 2-80　主导性元素——变形后的椭球与次要性元素——倒角后的四棱柱组合

图 2-81　接近面片形态的直棱体与四棱台邻接组合

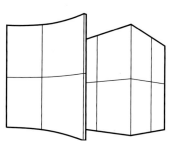

图 2-82　曲面面片与直棱体邻接组合

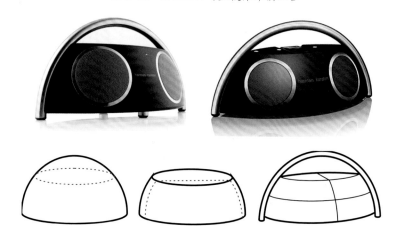

图 2-83　半球截去球冠，再取其一部分镜像后形成棱形，与线型圆管邻接组合

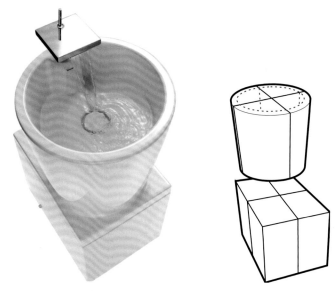

图 2-84　由抽去部分内芯的圆柱体、直棱体邻接组合而成的洁具

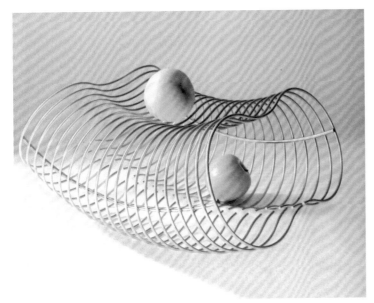

图 2-85 曲线线型通过阵列的方式邻接组合并实现功能

在图 2-86 所示的无绳电话中，主机与基座是穿插式组合关系。将这两个形态元素进行穿插组合，通过对形态元素的改变，能表现出不同的形体特征，话机 A 与主机穿插后，两个部件在形体表面有一致的特征线，话机 B 则凸出主机。话机 A 的形态表现出外观流畅、整体性好的特征，话机 B 的形态空间层次相对丰富，因为话机 B 的轴线是弧线，所以话机 B 显得更有力量感。

在图 2-87 所示的 PHILIPS 组合音响中，圆柱体结合后与直棱体穿插组合，通过对直棱体的局部裁切，从而以渐变的方式逐步显露出局部圆柱体，又由于在 1/2 圆处给视觉上提供秩序感，圆柱体的主导性也同时被加强。

（3）包容式组合。包容式组合的一个形态元素被另一个形态元素包容，在视觉上被包容元素已经成为包含元素的内部。包容式组合可分为封闭、半封闭两种形式。

包容式组合中主导性元素和次要性元素的主从关系不是由包容与被包容决定的，其受到形态元素的大小、比例和动态等因素的影响。

图 2-88 所示为建筑师 Wiel Arets 为 ALESSI 设计的咖啡具。由于材料透明，容器内部的形态被显现出来，从而形成了外部直棱体包容着由线型圆管、棱锥和直棱体形成的内部形态元素。其体现着建筑师对此类生活用品的探究，同时具有很好的表现力。

在 ALESSI 生产的生活用品中，这个果盘改变了以往的放置方式，将甜橙作为一个体块元素，由圆管形成的面片将苹果包容，形成一种新的果盘形态，如图 2-89 所示。

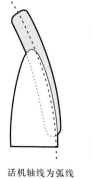
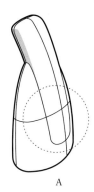
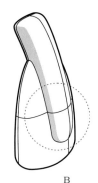

话机轴线为弧线

A

B

图 2-86　穿插式组合关系的无绳电话

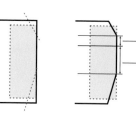
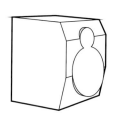

1/2圆

1/2圆

图 2-87　PHILIPS 组合音响

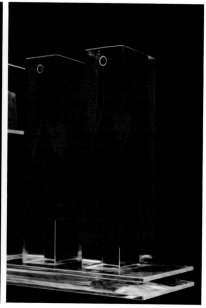

图 2-88　建筑师 Wiel Arets 为 ALESSI 设计的咖啡具

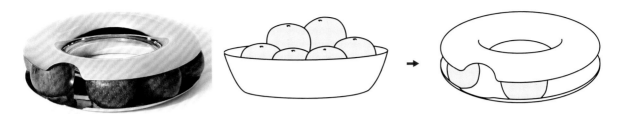

图 2-89 ALESSI 生产的生活用品

在数码产品（图 2-90）中，较多运用包容式组合的方式。这类产品大多以几何体为形态元素，为了增加形态的丰富性，又不改变几何体的特征，采用面片包容体块的半封闭包容式组合方式。

松下煮蛋器（图 2-91）的设计采用包容式组合的方式，主机采用透明材料的圆柱体包容内部发热组件，为了满足功能的需要，部件之间能够分开与组合。

图 2-90 数码产品

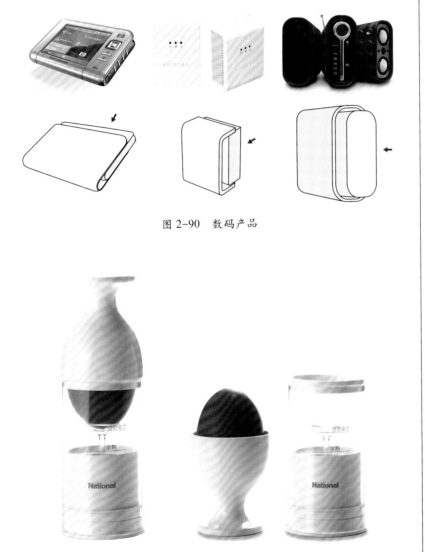

图 2-91 松下煮蛋器

2.3 材质与色彩

当形态被赋予材质和色彩之后，其视觉效果将发生一系列的变化，例如玻璃等透明材质对形态的影响、色彩对消费者心理的影响等。

2.3.1 材质

材质即材料的性质，决定材质的是材料本身。材料能够从视觉、触觉上传递给人不同的感知觉信息，对人产生各种生理与心理的影响。不同材料的物理和化学性质决定了它的使用范围，对产品形态的形成也相当关键。

形态是产品的外部表现，材质则是外部形态更进一步的多层次表达。通过合理的材质运用，能够在产品表面创建更多的设计语言。任何材质都具有自己的视觉特征和感觉特性。木材的木纹、皮革的皮纹、塑料的光滑度和弹性、玻璃的透光性等。即使是同一种材质，通过加工手段的变化，也能产生多种触觉特征。

从外观来看，材质所能表现出的特征有光滑与粗糙、冰冷与温暖、柔和与坚硬等，多以一组反义词的方式出现，而且和人的其他感觉相联系。例如，温暖与肤觉产生联系，粗糙与触觉产生联系。下面介绍材质对产品形态的作用。

1. 增加形体表面空间的层次感

产品形态的空间表现可以通过几个层次来实现，先是产品的外观形态特征，这个层次是比较容易被识别的，然后是产品的细节特征——形态元素的边角、表面材质等，它影响着产品的内涵表达。并不是所有的产品都需要非常丰富的空间层次，不同的消费对象对产品的内涵要求也各不相同。

不同的材质在产品形态表面空间层次的表达上不同。纤维、塑料、金属等材质通过加工形成的表面空间各不相同。纤维材质经过编织后，形成了具有疏密有致孔洞的表面空间；塑料在经过模具注塑后会形成不同的表面肌理；金属铝经过压铸或拉伸成形后再进行表面处理，形成了新的视觉效果。产品形态表面的变化（图2-92）影响着视线的到达，改变着形态表面不同的空间层次。

图2-93所示的光滑不锈钢的表面空间单一、直接，而透明塑料通透、间接，改变了餐具表面的形态空间层次，也划分出了手握部分的功能。

图2-94所示的多种材料的应用，增加了产品表面空间的层次性，给几何体的产品形态带来更多内涵丰富的表达方式。

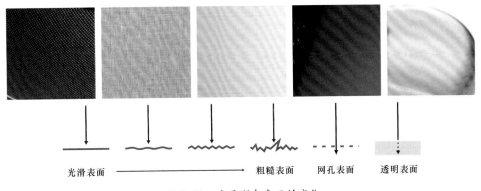

光滑表面 ⟶ 粗糙表面　网孔表面　透明表面

图 2-92　产品形态表面的变化

图 2-93　光滑不锈钢和透明塑料

图 2-94　多种材料的应用

2. 增强产品的情感传递

形态元素及其组合能够表达产品的形态特征，并向消费者传递产品的情感诉求，而材质的运用更加增强了产品的情感传递。

人在成长过程中形成了对客观事物的各种认知，包括对材料的情感认知。例如，金属是坚硬和冰冷的，能够表现工业化和现代感；织物是柔和的，和木材一样能够表现自然；玻璃是坚硬的、透明的，能够表现纯净等。当将这些材质赋予产品形态时，能够增强产品的情感传递，满足消费者差异化的产品诉求。

20 世纪 90 年代末期，苹果公司推出 iMac G3 个人计算机（图 2-95），在当时彻底改变了人们对计算机的认识。主机、显示器一体化设计，以半透明的彩色塑料为外壳，使内部机芯若隐若现，彰显出科技的魅力。

洗手盆采用陶瓷、不锈钢和斑马木纹设计时，斑马木纹给这个几何体的产品形态带来浓郁的自然气息，不锈钢条的嵌饰增加了洁具的现代感。采用多种材质的卫浴产品如图 2-96 所示。

在由多种材质组合的电视机外壳（图2-97）中，多层胶合板、塑料和玻璃虽然都是人工生产的材质，但是多层胶合板具有木材的纹理，体现出自然的情感。这些材料结合，传递出科技与自然融合的理念。

在金属水壶（图2-98）中，金属体现着高贵，表面光滑度的差异表现着情感表达的不同，高光泽表面有强烈的表现性，而哑光表面则显得内敛。因为水壶壶身大面积采用哑光材质，壶盖和把手部分采用高光泽的镀铬表面，所以其传递出一种含蓄而又略有表现性的情感。

图 2-95　iMac G3 个人计算机

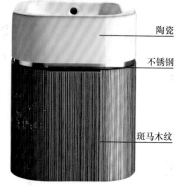

陶瓷

不锈钢

斑马木纹

图 2-96　采用多种材质的卫浴产品

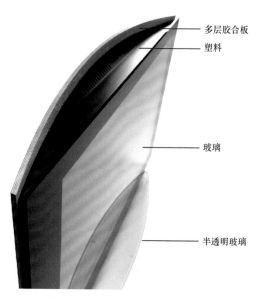

多层胶合板
塑料

玻璃

半透明玻璃

图 2-97　由多种材质组合的电视机外壳

镀铬塑料壶盖

磨砂铝壶身

图 2-98　金属水壶

2.3.2　色彩

1．形状与色彩

人在接收产品的视觉信息时，产品的形状和色彩存在差别。形状有明确的指示性，能够清晰表明产品的大小、类别和功能等，以千差万别、互不相同的样式表示不同的产品，而色彩的独特之处在于它能够赋予产品进一步的情感特征。色彩的这种情感是建立在产品的形状基础上的，一旦失去了这个载体，人们便无法在产品形态领域内评价色彩的作用。通常情况下，人首先接收的是产品的色彩信息，而后才是形状信息。色彩在产品形态被认知的过程中，始终处于引导性位置，它能够影响人们对产品的认知取向。同一个产品形体的表面在涂上不同的色彩后，会表现出视觉认知的差异：红色表面具有扩张性，而深蓝色表面会使产品具有收缩性。

SGI 的产品通过主机箱形态和色彩来传达不同的定位和功能。Origin 2000 工作站面对的是集团化大运算量的专业服务器，外观采用蓝色，表现出稳定可靠的视觉信息，配合以直线为主的形态，如图 2-99 所示。

SGI 的 Graphics Fuel 工作站主要是面对个人可视化图形处理的桌面图形工作站，因此，其外观采用红色，结合具有张力的弧线型特征线，强调将个人的创造力发挥到新的高度，如图 2-100 所示。

一般情况下，产品外观色彩的明度越高，所表现出的扩张性越强。色彩的明度高是因为颜色的光反射量大，明度低是因为颜色吸收了光线，如图 2-101 所示。在实际生活中，白色、银色等浅色轿车的交通事故发生率比黑色、蓝色等深色轿车低，这是因为浅色和深色对光的反射不同而形成的色彩扩张性差异。

具有扩张性的色彩可以使形体更加饱满，在以弧线为形体特征的外形下，可使用白色、黄色等明度低的色彩，这也在另一方面表现出产品形态的柔和。例如，PHILIPS 家庭电子产品的整个形态以弧线为主要特征，采用大面积的白色，配上局部的橙色，体现出柔和、饱满的视觉感受，增加了产品对人的亲和力，如图 2-102 所示。

图 2-99　SGI Origin 2000 工作站的蓝灰色搭配

图 2-100　SGI Graphics Fuel 工作站的红灰色搭配

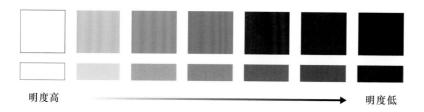

明度高 ——————————→ 明度低

图 2-101　色彩的明度变化

图 2-102　PHILIPS 监护仪的橙白色搭配

图 2-103　油漆刷的黑红色搭配

2．色彩的表现性

每个人都能感受到各种色彩所具有的表现性。人们面对绿色时，能够联想到森林的绿色，感受到自然的宁静与稳定，这就是色彩的表现性给人带来的具有象征性的视觉意义。这些象征性的色彩被人们理解为有关联的事物或事件的代表，例如白色代表纯洁、红色代表激情、蓝色代表忧郁等。随着时代的发展，在不同的社会背景下，色彩的视觉意义是不同的。

在色彩中，三原色的表现性强烈、直接，由三原色相互混合形成的间色的表现力更加细腻。

例如，油漆刷上的红色是混合色彩，将其纯度降低与黑色搭配，可以减弱色彩对比之间的反差度，如图 2-103 所示。

光色是电子、家电等产品中用以表示产品使用状态的一种方式，光的色彩选择和产品形态所要表达的信息是相互联系的。如 PHILIPS 多士炉采用拉丝铝材料，外形设计以趋向直线的弧线为特征，结合蓝色的光色，即可表现出符合时代的、具有冷峻的科技感的视觉意义，如图 2-104 所示。

任天堂游戏机用五种色彩组成一个系列，来满足不同消费者的需求。五种色彩中只有银色比较特殊，是象征现代科技的典型代表，其余四种色彩——黑、白、红、绿较为传统，如图 2-105 所示。

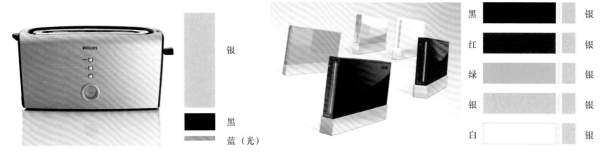

图 2-104　PHILIPS 多士炉局部蓝光与银黑色搭配　　　图 2-105　任天堂游戏机局部蓝光与不同色彩组合搭配

　　材料也影响色彩的表现性。物体表面的光滑程度会导致色彩产生差别，同一种色彩在粗糙的表面要比在光滑的表面显得更深一些，而特别粗糙的表面会使色彩显得斑驳、深浅不同，这时反而会使视觉效果变得活泼，别具特色。半透明的材料可以给色彩的表现带来间接的、朦胧的视觉特点，同时也创造了产品形态表面的空间层次，增强情感表达的内涵。

　　PHILIPS 两款无绳电话虽然都是黑色的外壳，但表面的光洁度不同，所表现出来的黑色视觉效果有差异。光洁度高的黑色显得更饱和、锐利，哑光表面的黑色则显得较为含蓄，如图 2-106 所示。

　　彩色塑料薄膜制成的半透明手套和围裙的色彩轻柔，其表现的视觉意义通过色彩的相互组合表现出轻松的生活情趣，如图 2-107 所示。

3. 色彩的组合与平衡

　　很多产品为了区分结构或功能区域，采用多种色彩组合而成。色彩的选择、组合以及的面积大小，要以体现设计目标为原则。

　　阿恩海姆在《艺术与视知觉》中提出："同一种色彩处在两种不同的背景之下就不再是同一种色彩了。"这表明色彩在不同的色彩关系下有不同的意义。在产品形态中，色彩所起的作用是提示或引导人的情感，但是绝不能造成人对产品形态的认知混乱，所以色彩的组合比较简练，数量也不多，一件产品上不会出现十余种色彩。为了引导视线，小面积明度高、纯度高的色彩会被低明度、低纯度的背景衬托出来。

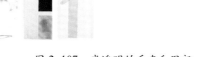

图 2-106　PHILIPS 无绳电话表面光洁度变化带来的　　　　图 2-107　半透明的手套和围裙
　　　　　　不同视觉效果

在色彩组合中，各种色彩通过邻近色搭配来达到平衡，以小面积的补色来吸引视线和凸显活力。

数码产品（如 SONY 随身听）会较多地应用金属色——银或镀铬，使处于视觉焦点的橙黄色在大面积的灰色背景下凸显，引导视线到信息显示和操控区，如图 2-108 所示。

PHILIPS 电动剃须刀采用蓝、灰组合，表现出和水的联系——水洗型电动剃须刀。其色彩组合中的几种色彩都为邻近色，并通过不同的色彩面积产生不同的色彩倾向，表达不同的情感，如图 2-109 所示。

TAG Heuer 手表通过大面积的内部银色结构件衬托出小部分的蓝色和宝石红：银色、蓝色——科技的代表色彩，宝石红——高贵的色彩。色彩组合体现出科技和时尚的完美结合，如图 2-110 所示。

BELKIN 网络配件产品使用明度较高的色彩进行组合。其采用的粉绿和浅黄是一组邻近色。色彩组合体现出轻松、柔和的视觉情感，如图 2-111 所示。

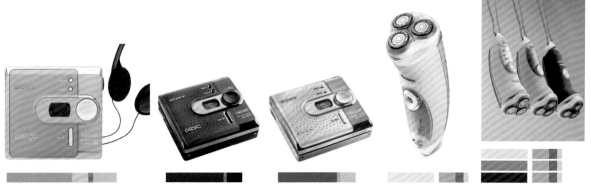

图 2-108　SONY 随身听的色彩组合　　　图 2-109　PHILIPS 电动剃须刀

图 2-110　TAG Heuer 手表的色彩组合　　　图 2-111　BELKIN 网络配件产品的色彩组合

第**3**章 | 形态生成过程

学习目的与要求 《

　　产品形态的生成不是一蹴而就的，更不是空穴来风。本章主要介绍几何形体、艺术形体、形态与自然、隐喻与转译等内容，要求学生理解形态生成过程。

　　产品设计是一个过程，设计的第一步往往是确立一个基本概念，而这个从项目分析得来的概念是相对抽象的，它不可能直接表现设计结果的明确性。从抽象概念的产生到具体的设计方案的形成是一个完整的过程。在这个过程的某一点上，基本概念会以具体的形态表现出来，设计者的最终方案反映着整个设计过程。设计方案的形成不是一个单纯的形式转换，而是一个创造性的过程。产品形态的生成同样也是一个过程，产品形态是对项目基本概念的具体解释，是对消费对象的信息传达。信息传达过程如图3-1所示。

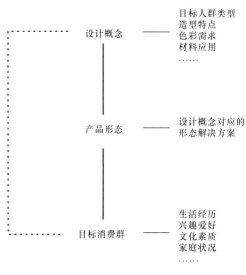

图3-1　信息传达过程

　　产品形态是千变万化的，到底消费者需要什么样的形态呢？消费者通过各种感官去认识产品，当他们感受到产品能够唤起自己情感时，就得到精神的满足，而这正是产品形态所要传达的信息。信息是抽象的、非物质的、内在的，必须借用具体的、物质的、外在的产品形态作为表现形式。人总是在寻找表现情感的手段，寻求一种能够唤起精神感受的物质形式。以下以"不一样的视角看世界——儿童相机设计"为例进行介绍。

不一样的视角看世界——儿童相机设计（设计师：吴润楷）

目标群体：3～6岁儿童。

　　3～6岁儿童的性格特点：好奇，对外界事物很感兴趣。性格易外露，更喜欢用身体语言来表达。情绪易冲动，容易受到外界事物的刺激感染。这一时期是性格塑造最重要的阶段，儿童85%～90%的性格、理想和生活方式都是在这一时期形成的。

儿童总喜欢问"我从哪里来？""星星为什么爱眨眼睛？"这样一些问题。儿童喜欢和花草讲悄悄话，为布娃娃洗脸、穿衣服，下雨天还喜欢在水里跑来跑去。儿童常按自己的思维方式去理解世界。

用户调查：

大部分时候儿童都是使用家长的手机来照相。（实际问题）

儿童更加喜欢使用手机照相。（实际问题）

相机过大，儿童使用不方便。（人机问题）

相机的带子过长，容易给儿童带来不适。（人机问题）

相机按键、功能过多，儿童操作不方便。（人机问题）

相机对儿童的吸引力不够强，孩子容易厌弃。（方式问题）

设计定位：

3～6岁儿童对外界事物很感兴趣，而且十分好动活泼，所以应该重点培养他们爱思考、爱观察的习惯。对于儿童来说，玩比书本、故事更具吸引力，而如何使儿童在玩的过程中了解、发现世界呢？设计一款可以通过玩的方式从不一样的视角观察、探索世界的相机，使儿童可以在玩的过程中发现、了解、认识世界。

设计灵感：鱼竿、潜水艇。

将相机与鱼竿结合，使摄像头可以像鱼钩一样被甩进水里，让儿童可以从不一样的视角看到平时看不到的水底世界。让儿童在玩的过程中可以学到知识，发现、探索世界。相机的设计方案与产品使用示意如图3-2～图3-5所示。

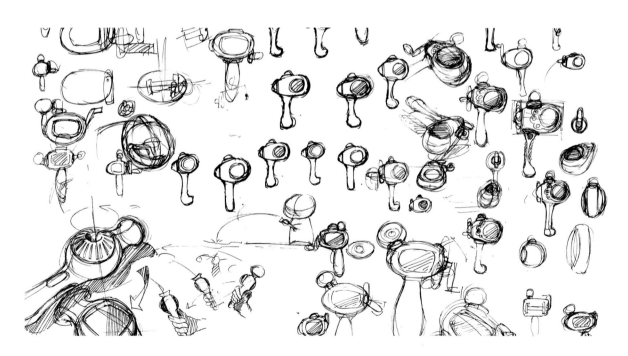

图3-2　设计方案（草图）

图 3-3　设计方案（效果图）

步骤1：
像甩鱼钩一样把摄像头甩到水里面

步骤2：
摄像头在水中慢慢下沉，孩子可以通过摄像头看到水底世界

步骤3：
把腰杆拉下来

步骤4：
转动腰杆，把摄像头收回来

图 3-4　产品使用示意

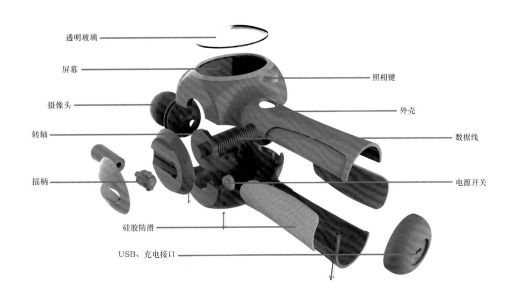

透明玻璃
屏幕
摄像头
转轴
摇柄
硅胶防滑
USB、充电接口
照相键
外壳
数据线
电源开关

图 3-5　设计方案（爆炸图）

3.1　几何形体

　　人天生具有直立行走的能力，能够区分水平和垂直的明显差异，知道东西受重力作用往下掉和浮力能够承托一些物体悬浮于水面上，因此建立了平衡、方向、质量等具备数学关系的感觉。意识到人体方位的前后、左右和上下等基本的空间几何关系，是人特别容易识别矩形或立方体的重要原因。几何学是抽象的、直观的，也是相对易于被人运用和认知的科学，是人们建立秩序的重要手段。

　　塞尚曾经引证大自然中的一切都能够归纳为圆柱体、球体和正方体、锥体，但这只是初步认识未知事物形状过程中的一个暂时驻点，随着意识的提高，它必将被更高层次的认识替代。

科学技术的发展改变着人类的生存生活环境，工业革命的发生推动着社会的进步，也改变着人类的意识。从建筑大师勒·柯布西耶在他的著作《走向新的建筑》中极力推崇工程技术对于建筑的重要意义可见当时的社会背景和发展趋势。他提出了针对建筑师的体块、表面、平面的"三项备忘"，还有非常重要的"基准线"。他将建筑提高为可感知的数学。

柯布西耶仔细描述了原始人建筑神庙的过程："……他用步幅、脚、前臂和手指来度量。当用脚和前臂来建立秩序时，他创造了控制整个建筑物的模数，因此这个建筑物就合于他的尺度，对他而言方便且舒适，合于他本身的量度。它合于人的尺度，这是主要之点。"柯布西耶由此得出一个重要的结论："几何是人类的语言。"

几何形体是抽象的，由各种具有几何学关系的形体形成的产品形态明确地表明了一种秩序美。在产品形态设计中，几何形体的生成有其明显的优势且以较高的效率传递给人秩序感和韵律美。人对最基本的几何学中的中心轴概念形成了偏好，如图3-6和图3-7所示。

3.1.1　几何形体的整体性

用简单明确的几何形，如立方体、球体、圆柱体等作为产品形态的基本元素，容易被理解和识别的程度较高，但是要在单纯的几何形体中创造出特殊和微妙的变化，还是需要有较高的形体组织设计能力。以几何学为依据的产品形态，可以对整体与局部的关系协调处理，建立统一感和保证整体性。下面以各类实物为例进行介绍。

利用几何体截面的共用来达到形体的联系性，使灯头与灯座在各个角度都保持整体性，如图3-8所示。

IDEO设计的通信工具以几何圆柱体作为产品形态的基本元素，功能件穿插其中。在使用前后，产品始终以圆柱体为主体，在整体性上得到很好的保证，如图3-9所示。

深泽直人为无印良品设计的CD播放机如图3-10所示。圆形CD播放机的圆心与方形主机的中心重合，并呈完全轴中心对称。主机上的音孔又是由中心发散出来的放射线形排布，整体性突出，也体现了产品极简的功能设计理念。

SAMSUNG复印机以几何关系保持很好的整体性，并表现出理性的技术美学，如图3-11所示。

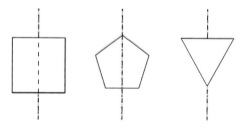

图3-6　轴中心对称的几何形

图3-7　轴中心对称形态的WACOM手绘板

图 3-8　灯头与灯座的整体性　　　　　　图 3-9　IDEO 设计的通信工具

图 3-10　深泽直人为无印良品设计的
CD 播放机

图 3-11　SAMSUNG 复印机

3.1.2　几何形体的数理性和结构秩序

　　几何形体是依靠一定的数学关系形成的，而产品形态的形成则受到诸多因素的影响，如技术、文化、产品功能等。几何学是数学，人们利用其可计算的特点，将它运用到大小、比例等形态控制方面，可形成具有严谨的数学关系的理性设计，表现出具有现代性的技术美学。

　　运用几何学可以通过模数排列、体量的组织，强化几何形体的秩序感，而黄金分割的比例关系能够形成完美的结构秩序。下面以实物为例进行介绍。

　　按几何学关系划分的形体——电饭煲（图 3-12）的各个功能部分按一定的比例关系分开，形成了严谨的几何形体，并保持完美的整体性。

图 3-12　电饭煲

　　灯具设计往往通过几何形体的模数设计来形成系列产品。台灯和落地灯以支架的高度差、灯头灯架的 90° 角度变化形成系列，并表现出结构的秩序感。在灯头形态上作体量比例差来形成更丰富的系列灯具，同样也体现出几何形结构的秩序感，如图 3-13 所示。

　　PHILIPS 多媒体组合音箱的形态采用模块化的方式设计，播放控制器和音箱使用相同的箱体，形成直棱体体块的自由堆叠组合，灵活自由、组合性强，强化了几何形的秩序感，其无论独立还是组合，形态都保持完整、不孤立，如图 3-14 所示。

　　获得 2005 年红点奖的德国 WMF Presto 咖啡机以几何形为主体，主机部分的黄金分割比例体现出完美的秩序感和整体性，提供了清晰的人机界面，如图 3-15 所示。

图 3-13　灯具设计体现出几何结构的秩序感

图 3-14 PHILIPS 多媒体组合音箱

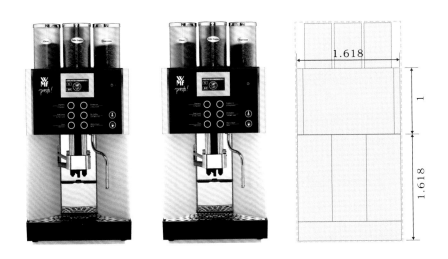

图 3-15 德国 WMF Presto 咖啡机

3.2 艺术形态

几何学的理性能对产品形态元素进行整体性的统一，但是创造独具特点的产品形态，仍需要设计师在设计过程中挖掘形态的多样性。绘画、雕塑等视觉艺术在形态多样性上不断为产品形态的创新提供源源不断的支持。从早期的工艺美术运动到现代主义，以及后现代艺术的风格等艺术设计思潮左右着产品设计的理念，也极大地影响着产品形态的形成。现代艺术作品为产品形态创作提供了丰富的源泉，如亨利·摩尔的圆雕形体空间塑造丰富，传递着强烈的生命力特征，其形态语言对产品形态设计的借鉴意义深远，如图 3-16 所示。

艺术形态直接反映作者的情感，同时调动观众的感知和精神体验。艺术作品成为艺术家和观众之间的信息传达媒介，也是精神共鸣的桥梁。作为实现功能的产品，不同于艺术作品的精神传达属性，但是在物质相当丰富的当代社会，产品的精神需求受到了更多的关注。产品设计过程的创造性考验着设计师对未知的探索能力，并体现在设计师设计语言中情感和独特性的表达。例如 ALESSI 生产的生活用品向来以"艺术和诗"的情感意境作为设计理念，邀请艺术大师为其设计产品，传递给大众高品质生活的信息，如图 3-17 所示。在多位现代建筑师为 ALESSI "茶与咖啡广场"设计的系列产品——楼宇之城中，建筑师独特多样的艺术形态语言重新塑造出日常用品的新形象，探索出家居用品的现代设计思想方向，表达出一种强烈而清晰的用建筑阐释世界的信息，如图 3-18 所示。

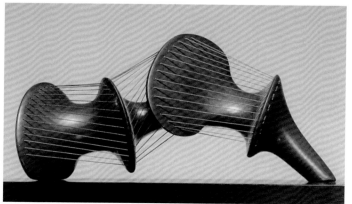

图 3-16　亨利·摩尔的圆雕形体

图 3-17　ALESSI 生产的生活用品

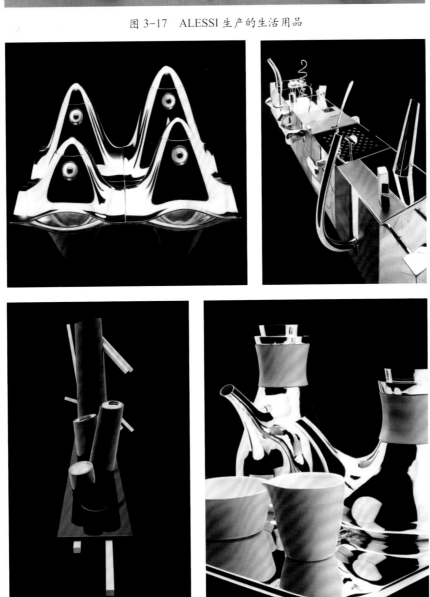

图 3-18　ALESSI 邀请多位现代建筑师为其"茶与咖啡广场"设计的系列产品——楼宇之城

　　自然是人类不断发展进步的知识宝库，为人们提供了许多创造性的解决问题的方案，更为人们展示了无穷无尽的优美形态。因此，人们要认识自然，从自然中学习。

　　对于设计来说，自然的价值并非提供直接照搬和模仿的对象，它所能带给人们的是其形成的原因和过程以及生命力。柯布西耶曾引用其导师（著名教育家查尔斯·易普拉特耐尔）的话来说明自然对设计的意义："只有自然才是真正的鼓舞着人勇往直前的动力，但不要用风景画来重现自然，因为那只是它的表面，我们应该研究它的起因、形体和活力，再综合起来用于装饰设计。"

　　在设计中重现自然界中的动植物形象并不是高明的手法，毕加索对牛的抽象过程表明了对牛的抽象形态提取的视觉意义，表达了他对牛的精神的理解。人们大多会把自然界中的形态列为有机形态，因为这些形态具有生命力的特征，在其生成过程中不断受到各种内外因素的影响而发生着变化。

　　自然界中同样存在很多几何形态，突出的例子就是鹦鹉螺。其剖面是令人惊奇的极具规律的螺旋线，它是随着鹦鹉螺的生长而形成的。此外，蜜蜂筑造的六角形蜂窝结构是最经济、最合理的空间形式，也体现着几何学的规律性。

　　现代设计已经历了近一百年的发展，人们对于众多消费品形态的认知提高到了新的阶段，在产品形态上的仿生逐渐趋向抽象的、更具精神意义的层次，如图3-19～图3-22所示。

课件：具象一抽象

课件：拟物设计—
形态特征提取

课件：喷壶形态设计
推演

图3-19　人们对象鼻肌肉进行研究，设计出了无关节机械手臂，使其
灵活性大大提高

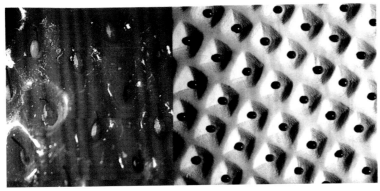

图 3-20　对自然界 120 种物体表面进行调查后，一种用于公共场所供盲人使用的步行交通安全地板被构造出来

图 3-21　Electrolux 生产的 ZA2 智能吸尘器在外观上模仿三叶虫的形态设计了出风口格栅

图 3-22　水龙头、水瓶这些与水有关的物品，通过模仿大自然中水的形态来表现水的柔和曲线和曲面

3.4　隐喻与转译

在现代设计中，隐喻的运用可以令人们对一件作品另眼相看、产生思考、受其感动，从而获得精神的意义。隐喻的表现来自社会现象、意识形态，或直接取材于物件本身。使用隐喻进行设计的整个过程，与语言翻译工作的"转译"相同。在产品设计程序中，项目概念分析阶段所做的工作就是依据设计目标进行形态的转译。

3.4.1　隐喻

隐喻是一种修辞手法，是比喻的一种，也可以说是暗喻。用一个词或短语指出常见的一种物体或概念以替代另一种物体或概念，从而暗示

它们之间的相似之处。明喻与暗喻的不同之处在于，明喻在修辞手法上用"像"表示，隐喻则用"是""成为""等于"表明。因极富表现力，隐喻被大量用在哲学、文学、音乐和艺术中。

鸟巢、水立方隐喻新的北京、新的奥运。北京不再是昔日的北京，而是新时代的北京与传统的北京和谐共存的产物，可以超越时间和文化观念的局限，如图3-23所示。

在现实物或社会现象中，许多人们熟视无睹的事物、事件在设计大师的隐喻设计中表现出强烈的视觉张力。Gaetano Pesce的作品"纽约的日落"沙发便是典型的例子，如图3-24所示。

"Up Armchairs"系列的设计理念起初来源于社会地位低下的女性。扶手椅的形态表现女性躯体的曲线体态，旁边的大绒球隐喻着女性被一个大铁球拴住，承受着来自家庭和社会的压力。整个设计表现力强烈，传达给人们应该思考社会问题的信息，如图3-25所示。

图 3-23　鸟巢、水立方

图 3-24　Gaetano Pesce 的作品"纽约的日落"沙发

图 3-25　Gaetano Pesce 的作品"Up Armchairs"扶手椅

大自然是设计灵感的来源，也可以成为隐喻设计的题材来源。

动物本能的母性，即对幼子的关爱和哺育打动着人类。图 3-26 所示为从动物亲子关系中抽象出来的关系图。曲线表示母亲躬身低头呵护的体态，直线表示幼子昂头伸展躯体接受爱护的体态，将这种形态关系以隐喻的手法运用到咖啡机的形态设计中，使人们在使用产品的过程中可以得到直观的精神感受。

将较为复杂的动物形象抽象出来，结合产品功能和结构需要，以动物的亲子关系为隐喻对象，运用在咖啡机的造型设计上，极具表现力，打破了咖啡机的传统形象，感动着消费者的心灵，如图 3-27 所示。

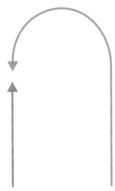

图 3-26　从动物亲子关系中抽象出来的关系图

图 3-27　咖啡机造型设计方案（设计：徐有源）

图 3-28　嬉哈人群装束

3.4.2　转译

转译存在于两个阶段：①设计师将项目概念转译为形态并应用到产品外观设计中；②消费者将产品形态转译为能够被自己认知的视觉形态要素。这两个阶段的过程是相对应的，设计师要创造出符合消费者潜在需求的新形态，是不可能通过消费者告知而得到的，所以，设计师应具有对消费者潜在的形态需求的转译能力。

设计案例：

Hip-Hop 个性化迷你 CD 音响设计

设计：张荣华

目标对象： Hip-Hop 爱好者。

Hip-Hop 的中文意思是"嘻哈"，Hip-Hop 人士的外形特点是戴一溜数个耳环，着宽大 T 恤、板裤、运动鞋、棒球帽，或佩戴很粗的银质耳环、项链、手环，戴墨镜，使用随身听、双肩包等，走起路身体来上下起伏，用编发辫、烫爆炸头或束发表现动感十足的状态。Hip-Hop 人群装束如图 3-28 所示。

设计概念：

以 Hip-Hop 文化为主，以特定风格出发，充分研究相关的音乐、照片、肢体动作、视频片断等，获得下列目标概念：快速、动感、力量、旋律，Hip-Hop 的典型活动——街舞的姿态如图 3-29 所示。Hip-Hop "飞"如图 3-30 所示。Hip-Hop 个性化迷你 CD 音响形态设计方案如图 3-31 所示。

图 3-29　Hip-Hop 的典型活动——街舞的姿态

图 3-30　Hip-Hop "飞"

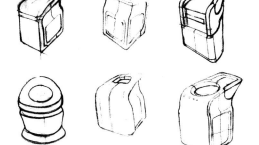

图 3-31　Hip-Hop 个性化迷你 CD 音响形态设计方案

产品形态的隐喻设计案例赏析

学习目的与要求 《

　　本章主要讲述现代产品形态设计手法（创造空间、增加活力、保持理性），并对几个不同类型的产品进行形态分析，要求学生学会现代产品的各类形态设计手法，并运用到产品形态设计中。

4.1　现代产品形态设计手法

　　工业设计经历了百年的发展，受艺术流派和工业技术的影响，形成了各种类型和风格的产品形态。伴随着社会进步、现代科技和工业技术的发展，消费需求朝着细分化和产品形态个性化的方向发展，这促使设计师的产品形态设计手法不断变化和提高。

　　传统的改变形态元素特征或单纯通过形态元素组合来形成产品形态差异和空间层次的方法，已经束缚了产品形态的多样化与内涵特征的建立。由于现代工业和电子技术的成熟，产品功能的实施有了全新的解决方法，使产品原本"形式与功能"之间严密的联系被削弱，也改变了人们对产品形态的固有认知，对产品形态表达个人审美的消费需求提出了新的要求。

　　早期东芝冰箱和现在上市的东芝冰箱外观的对比如图 4-1 所示。它们的不同之处在于：①表面材质不同，当前冰箱表面材料普遍运用金属；②形态处理手法不同，早期的产品更注重产品功能，没有对形态边缘进行深入的设计。

　　早期 PHILIPS 手提卡式收录机由几何形体组合成形，表面通过添加装饰性的形和鲜艳的色彩来提高活力。当时市场上的 PHILIPS 手提卡式收录机不单依靠形态元素的直接组合来体现空间，更注重空间的塑造手法，以突出形态的内涵表达，如图 4-2 所示。

图 4-1　新、旧东芝冰箱外观的对比

图 4-2　PHILIPS 手提卡式收录机

4.1.1　创造空间

空间的丰富性是现代产品形态的重要特征，其通过改造体块、引入面片或线型、重塑边缘、融合元素、丰富材质等创造空间的设计手法来实现。产品形态空间中具备虚空间特性的形态最具内涵，其能够以间接的方式表现丰富的层次。

1. 改造体块

体块是三维形态中的基本元素。改造体块是指在不改变体块原来基本形态性质的前提下进行改造，形成具有新的空间特征的体块，即虚空间，如图4-3～图4-6所示。

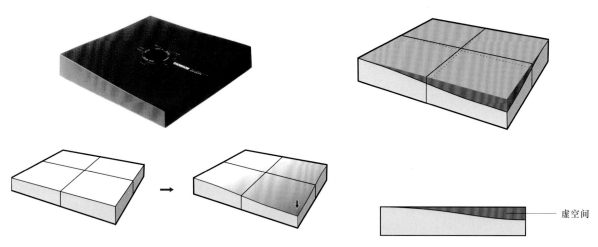

图4-3 对四棱体块一角改造形成虚空间

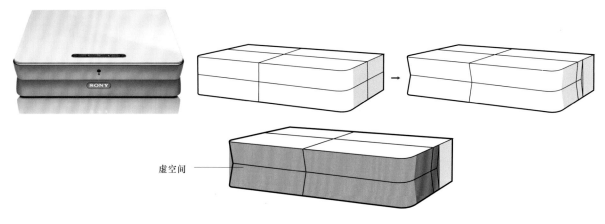

图4-4 对四棱体块侧面局部内凹改造形成虚空间

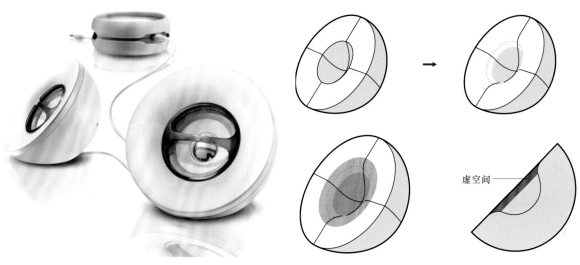

图4-5 对半圆体块中心内凹改造形成虚空间

64

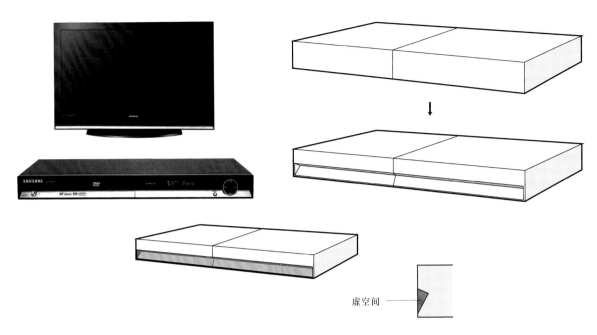

图 4-6　对四棱体块侧面局部内凹改造形成虚空间

2．引入面片或线型

面片和线型本身具有体现空间不封闭、通透的特点，引入面片或线型可以给产品带来层次丰富的空间，改变产品形态的单一性，如图 4-7～图 4-9 所示。

3．重塑边缘

产品形态边缘往往是容易被忽视的设计关注点。在产品形态形成的过程中，利用形态边缘来提高整个产品的空间性，可以起到事半功倍的效果，同时增加产品形态的内涵。

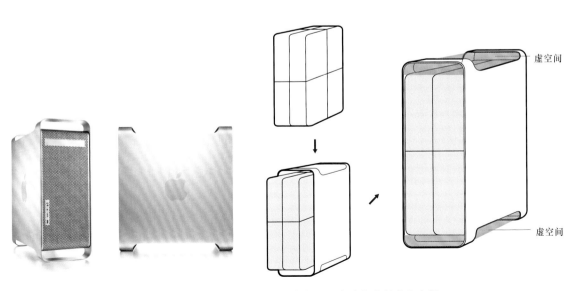

图 4-7　苹果 iMac G5 电脑机箱采用面片的方式创造虚空间

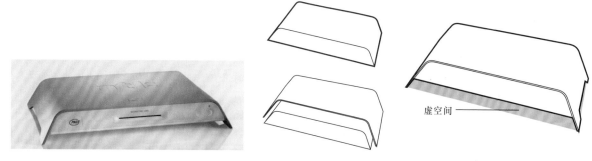

虚空间

图 4-8 给梯形台覆盖面片形成虚空间

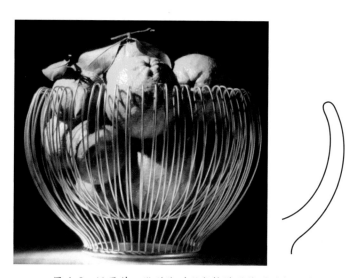

图 4-9 运用单一线型阵列形成接近果篮的旋转形体

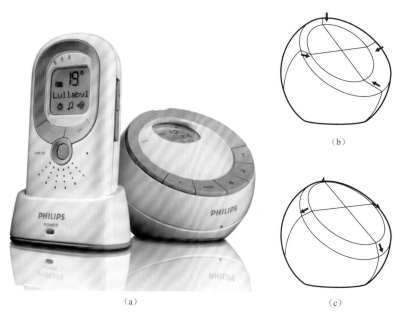

（b）

（a）   （c）

图 4-10 PHILIPS 监护仪的边缘设计

（a）PHILIPS 监护仪；（b）边缘向产品内部斜切，产生容积，形成了产品形态边缘向内包容的视觉效果，强调了产品边缘；

（c）边缘向产品外部斜切，产生凸形，弱化了产品形态边缘的空间转折和舒缓转折的视觉效果

通过将倒角后的棱边边缘再次内陷，创造出独特的具有微妙空间的细节效果，同时又保持原本直棱体的基本型，如图4-11所示。

对棱边斜切后再倒角，并调整为光滑曲面，改变了原来边缘在视觉上的尺度感，产品产生了"变薄"的视觉效果，如图4-12所示。

4．融合元素

将两个（或两个以上）形态元素用曲面连接的方式融合，形成新的形体，创造新的形态空间。

将两个圆形形态元素融合，再将轴线弯折，达到符合人机关系的效果，如图4-13所示。

圆形与方形的渐变融合产生了新的形态，空间特征鲜明，如图4-14所示。

两个特征差异较大的几何形体元素融合，形成了另一个创新的形态，如图4-15所示。

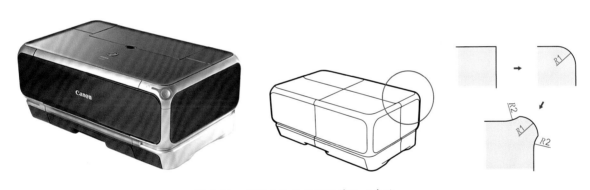

图4-11　将倒角后的棱边边缘再次内陷

图4-12　对棱边斜切后再倒角，并调整为光滑曲面

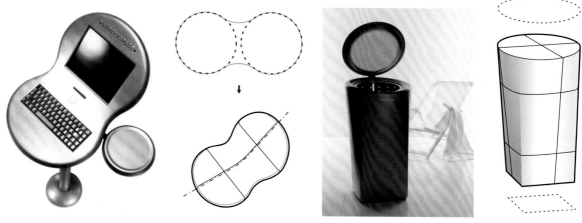

图 4-13　将两个圆形形态元素融合　　　　　　图 4-14　圆形与方形的渐变融合

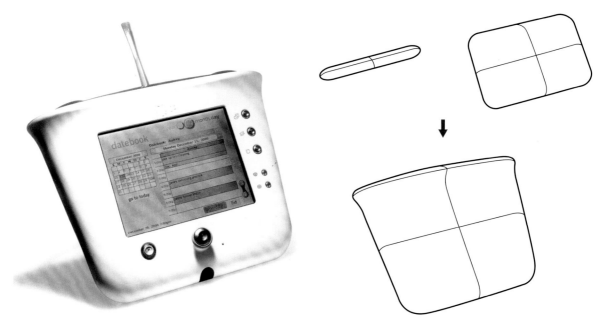

图 4-15　两个特征差异较大的几何形体元素融合

5. 丰富材质

材质在创造产品形态表面空间的层次上起着独特的作用。不同的材质对产品表面空间的延伸作用不同，表达出的产品内涵也不同，如图 4-16 所示。

4.1.2　增加活力

产品要想引人注目就需要有独特的外观形态，同类产品在形态上要获得与众不同的效果，给其增加活力是一个有效的设计手法，例如调整轴线、赋予曲线、添加色彩等。

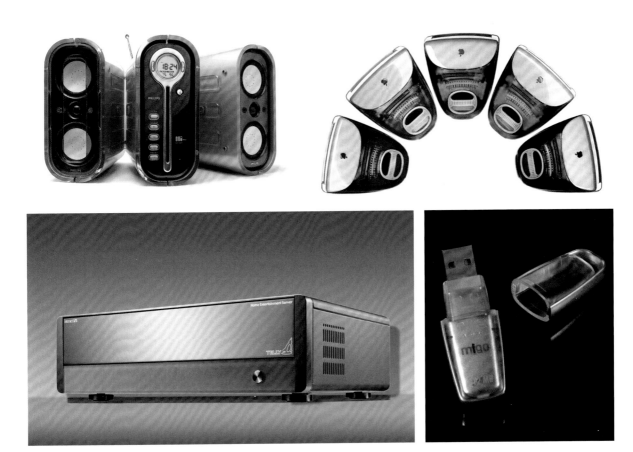

图 4-16　彩色透明塑料延伸了产品表面的空间

1．调整轴线

每个产品都可以通过轴线来控制其形态所表现出的力的平衡。改变产品形态的轴线可以改变原来的力平衡，形成具有活力的产品形态，如图 4-17～图 4-19 所示。

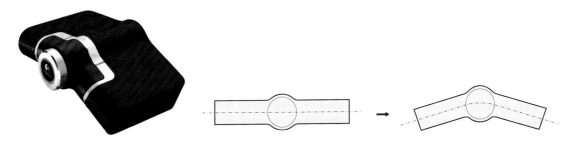

图 4-17　罗技音箱通过改变轴线，产生了拱起的动态

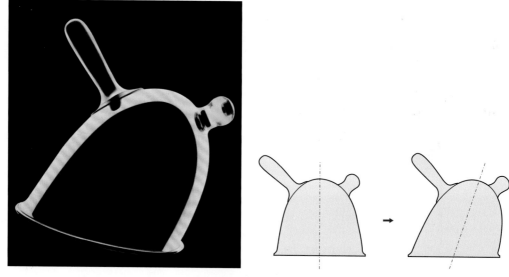

图 4-18　倾斜的水壶轴线，增加了动感

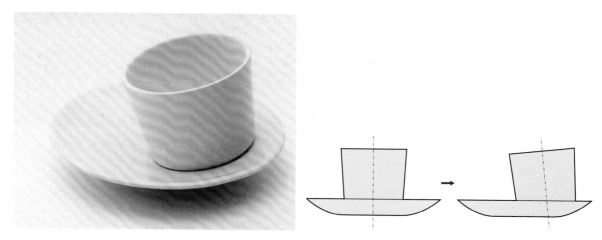

图 4-19　偏于一边的倾斜轴线，创造了调皮的杯碟组合

2. 赋予曲线

　　直线在绝大多数情况下表现出的特征是平衡、安定，与直线相对应的是曲线，它所表现的是事物受力的影响所产生的运动状态。因此，在以直线为主要特征的产品形态中添加曲线形态能产生动感，增加产品的活力，如图 4-20 和图 4-21 所示。

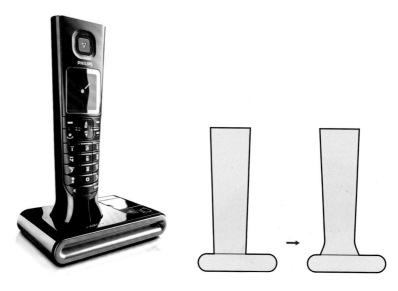

图 4-20　PHILIPS 无绳电话手机底座用曲线的方式增加动感

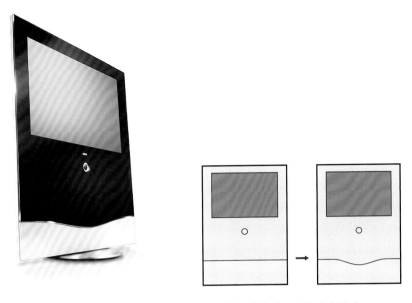

图 4-21　欧洲品牌 LOEWE 电视机通过增加曲线产生活力

3.添加色彩

　　色彩在增加产品活力方面具有最直接的优势。因为色彩的信息传递是先于形态的,所以添加色彩可以增加产品的活力,如图 4-22 和图 4-23 所示。

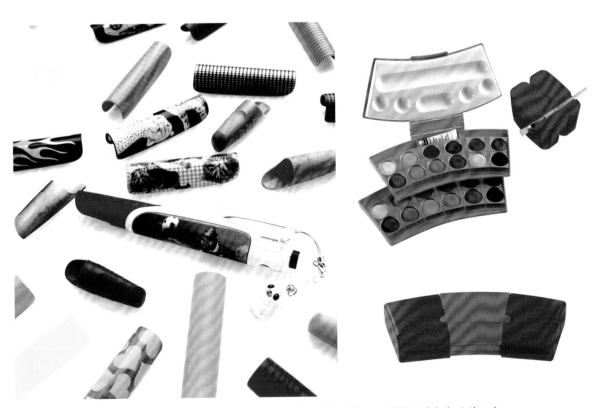

图 4-22　彩色绘图文具以多种色彩反映其产品特色,用活跃的色彩吸引儿童

图 4-23　为儿童设计的笔记本电脑采用饱和色彩搭配，以展现活力

4.1.3　强调理性

随着工业产品的不断成熟，人们对产品形态的认识能力也随之提高，对产品形态秩序的追求也上升到了新的层次。产品形态的秩序体现在形态元素之间的关系中，强调理性是形态秩序得以保证的重要因素，如图 4-24～图 4-26 所示。

SAMSUNG 液晶电视机采用方形和轴中心对称的形态设计。电视音响被独立放置在下方，但又和屏幕统一在一个方形范围之内，具有强烈的秩序感，如图 4-24 所示。

简洁的水龙头是以理性的几何关系为设计依据，将开关垂直放置，与其对应的出水口则设计成水平方向，且处于垂直开关长度的 1/2 处，如图 4-25 所示。

Sony Ericsson 设计的概念移动电话通过单纯的、理性的几何形态来表达这类产品最根本的属性——沟通，摆脱了外在的形式，摒弃了不必要的功能，如图 4-26 所示。

图 4-24　SAMSUNG 液晶电视机

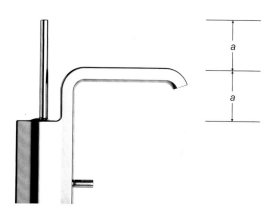

图 4-25　简洁的水龙头

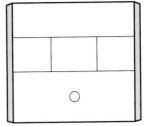

图 4-26　Sony Ericsson 设计的概念移动电话

4.2.1　数码产品

电子技术的发展给数码产品的更新换代提供了支持，推动着数码产品向小、薄、精的方向发展，这些变化被偏爱新事物的年青一代接受和推崇。

当今，数码产品充斥着人们的生活，各种通信、娱乐、游戏产品都由信息技术的革命带来翻天覆地的变化。数码产品表现的是科技的魅力，新技术的运用占据了其信息传递的大部分，形态的设计逐渐走向表现技术美学的几何形态——简洁、优雅、对称、做工精致，非常强调理性的秩序关系。

1．小——手掌之内

数码产品逐步趋向小型化，方便人们携带，如图 4-27 所示。

2．薄——轻

芯片技术的发展给数码产品的厚度变小提供了支持，同时产品结构和外壳材料生产技术的升级使 MP4 播放器、笔记本电脑、手机等产品越来越薄，越来越轻，如图 4-28、图 4-29 所示。

3．精——工艺先进、细节丰富

由于数码产品的尺度越来越小，表现数码产品形态特征的差异和内涵就落在产品细节上。在体现理性技术美学的前提下，通过多种材质的运用、微妙的空间变化来造就数码产品的精工之美。

SONY-MP3 播放器镀铬金属材质的外壳包含着蓝色透明塑料，散发着强烈的科技感。塑料外壳控制部分微微凸起，强化了产品的精致感，如图 4-30 所示。

圆形 SONY-MP3 播放器控制键的设计别具匠心。通过不同形式的凹陷处理，形成了精致的功能按键，如图 4-31 所示。

产品形态设计赏析——
无线耳机

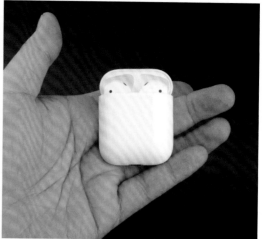

图 4-27　由于技术的不断进步，数码产品的尺寸越来越小

图 4-28　Apple 超薄笔记本电脑、鼠标　　　　　　　　　图 4-29　小米超薄路由器

图 4-30　SONY-MP3 播放器

图 4-31　圆形 SONY-MP3 播放器

4.2.2　家电产品

电视机、电风扇、电冰箱、洗衣机等家用电器从一开始就成为人们生活中的必需品，在人们的生活中担当重要的角色。即便科技进步飞速，家电产品的基本功能也仍未改变，大部分产品在设计上还遵循着原来的基本原则——形式服从功能，但其产品形态逐渐发生了较大的变化，受数码产品的影响，注重体现科技魅力，注重形态空间的塑造，同时强调简约的设计风格。

B&O的产品体现着精益求精的态度，产品形态以几何形为主，提炼出优美和简练的线条。简洁高雅的形态和表面材质表达着将技术升华至艺术的境界，如图4-32所示。

图4-32　B&O的产品

欧洲品牌 LOEWE 的产品形态以几何形为主，符合欧洲人对理性产品形态的追求，同时通过材质的运用体现科技魅力，并形成系列化的产品，如图 4-33 所示。

Rowenta 的小家电——电热水壶、咖啡机，将几何形态柔性化，表现出理性状态下的感性特征，弥补几何形的单调，以大面积白色为主调配以金属材质，表现纯美的现代生活情调，如图 4-34 所示。

意大利 Sowden 设计集团的产品形态设计表现出后现代的设计风格，曲线形态是其设计的突出特征，不同于欧洲其他国家以理性为主的设计，散发出浪漫的情调，如图 4-35 所示。

图 4-33　欧洲品牌 LOEWE 的产品

图 4-34　Rowenta 的小家电

图 4-35　意大利 Sowden 设计集团的产品形态设计

4.2.3　生活用品

越来越多的人在自己的家居空间中添置各种各样的生活用品来增加生活情趣。生活用品对改善日常生活起着举足轻重的作用。

生活用品的功能是设计的重点，也是最终影响产品结构和形态的主要因素。"功能决定形式"始终是生活用品设计的基本原则。

肥皂盒、漱口杯皆以几何形为形态语言，白色与镀铬金属搭配，体现出纯净与时尚，如图 4-36 所示。

以不锈钢金属为材料的生活用品，通过简洁的几何形和小巧的尺度比例，传递出精致、高雅的生活气息，如图 4-37 所示。

在同样能够达致功能的前提下，线型的运用给产品形态带来完全不同的视觉形象，如图 4-38 所示。

产品形态创新设计赏析

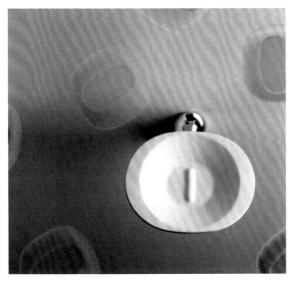

图 4-36　肥皂盒、漱口杯

图 4-37　以不锈钢金属为材料的生活用品

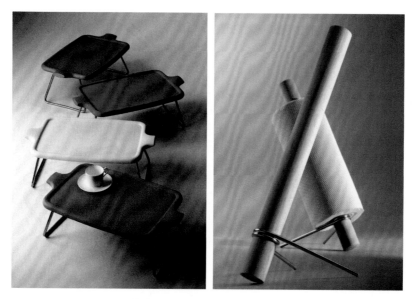

图 4-38　运用线型设计的产品

第 5 章　产品设计与产品形态

学习目的与要求 《

生活形态、技术发展及传统技术的利用、设计潮流等与产品形态的形成有密切的联系。本章主要讲述产品设计与产品形态的关系，要求学生充分理解脱离了产品设计的相关因素，产品形态就会失去意义。

产品设计是工业文明的灵魂，是科技与艺术的统一，也是科技与文化的统一。一件物品的属性几乎在它诞生之初就已经形成，而其形态的发展却无止境。设计的创意总是与文明的演进、生活方式的变化联系在一起。无论消费品设计还是面对未来的概念设计，都是通过产品设计程序而形成设计方案。产品设计前期的设计研究与分析是非常重要的，其决定着产品最终形态的生成。

产品设计流程是设计师开发出符合市场需求的产品的必要过程（图 5-1）。一般来讲，前期的消费分析，是由设计师收集市场上所有的相关产品，包括其品牌、规格、款式等有关资料，通过设计师的分析整理，找出设计方向。但是这种只基于现存产品的分析往往会限制设计师的思维，必须从产品本身之外的其他因素来设计，如从生活形态、设计潮流或技术应用等方面考虑（面对未来市场的产品）。

课件：产品设计流程中的产品形态设计

概念企划阶段	市场需求动向研究	企业方针	
		基础研究	
		市场调研	企业内部作业
	流行趋势研究	资料准备	
		设计计划	
		产品地位与目标设定	

创意设计阶段
企划概念评估
- 确立概念
- 展开构思（造型、材料、功能等具体评估）
- 方向性研究（构思草图）
- 确立方向 / 形式与外观形式设计 / 概念模型
- 造型及相关要素研究（造型、功能、材料等具体评估）
- 色彩计划

设计定案阶段
市场\功能与技术评价
- 视觉设计（文字、图形、标志）
- 设计定案
- 技术开发
- 外观模型制作
综合评价
- 样机制作与评估

产业阶段
- 产品化方针
- 结构设计
- 生产制造技术（模具及原型）
- 生产计划
- 销售计划
- 包装计划
- 样本及说明书
- 促销计划

××工业设计有限公司产品设计流程

图 5-1　产品设计流程

5.1 生活形态与产品形态

生活形态是指特定区域、事件（新技术）或文化所产生的人类行为与生活现象，包括人对环境的态度（感受、体验）、想法（意识、知识）及价值观（生活背景、人文经验），然后形成一系列可被分析的生活方式。具体来说就是从某一产品出发，了解与这些产品有关的使用者，使用的情境，相关的人、事、物之间的关系，以及这个产品发展所形成的生活现象。

生活形态是通过无数个人的生活样式来体现的。将具有相同或近似特征生活样式的人群归类，并以视觉化（照片、图表）的方式表现，就可形成生活形态的架构模型，并从中获得设计概念，转化成产品设计形态解决方案。这个过程也是产品形态生成的重要组成部分。

图 5-2 所示为有关生活形态的各类图片，人们出入的建筑物或场所、办公空间、休息娱乐空间，人们使用的车辆和日常用品等，都可从视觉上反映出人们的生活形态特征（如高贵、豪华、有品位等）。

图 5-2　生活形态意向

SAMSUNG 画境电视机以大写英文字母"I"作为形态特征。面对热爱生活、恬静惬意、放飞自我的消费人群，整个电视机形态改变了以往黑色影音家电冰冷、犀利的外观，对用户产生更大的亲和力，也更融入生活化的居家环境，如图 5-3 所示。

设计案例：

大妈蓝牙音箱

设计：冯淦锋

生活态度： 我做我乐意，我跳我喜欢。

生活方式： 每天，大妈们在买完菜、忙完家务事后的闲暇时间，带着蓝牙音箱与一帮广场舞爱好者在广场跳舞。她们注重运动，希望自己能够保持健康。尽管跳舞的动作没有达到专业舞蹈者的标准，尽管会招来路人不屑的目光，然而随着音乐响起，她们就会慢慢陶醉在自己的舞蹈中。

设计概念： 从大妈们的生活中的物品提取形态符号，提供符合她们储物、便捷移动与外放音乐需求的蓝牙音箱，如图 5-4～图 5-6 所示。

图 5-3　SAMSUNG 画境电视机

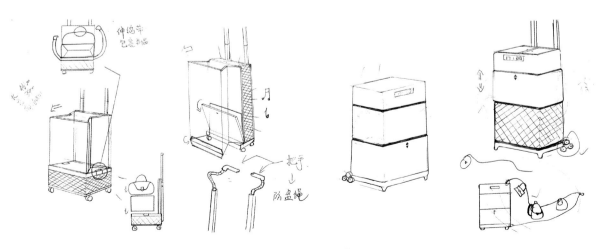

图 5-4　概念方案草图

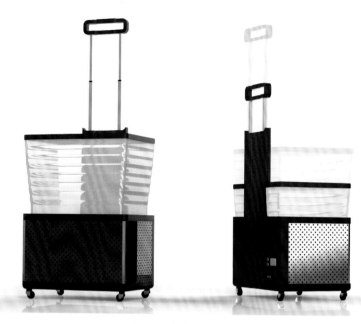

图 5-5　概念方案效果

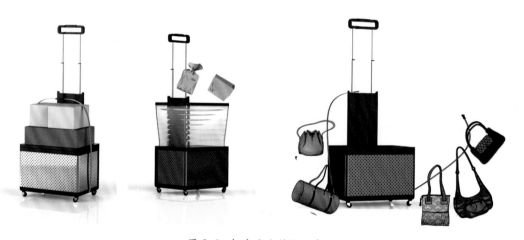

图 5-6　概念方案储物示意

5.2　技术应用与产品形态

　　产品的更新换代反映了生产技术不断发展的历程。从旧石器时代各种工具的制造发明，到现代航天、电子等各类先进技术的不断涌现，改变了人们的生产生活环境，同时创造了新的视觉审美。例如，电视尺寸越来越大，厚度越来越小。SAMSUNG 画壁电视机成为家居装饰的一部分，如图 5-7 所示。作为通信工具的移动电话，随着技术与制造技术的发展，其产品形态发生了巨大变化。采用柔性屏幕的华为 5G 折叠手机如图 5-8 所示。

图 5-7　SAMSUNG 画壁电视机　　　　　　　图 5-8　华为 5G 折叠手机

　　技术与产品之间的关系是密不可分的，技术的先进与否直接关系到产品的竞争力，以及产品形态的最终表现。特别是在当今生产技术水平同质化的时代，技术上的优势是企业生存与发展的重要条件。设计的可行性受科技水平状况影响，脱离生产技术条件，则设计方案只能停留在图纸上，不能成为产品。英国学者麦克可若（J. R. McCroy）在《设计方法》中指出："设计观念要从社会需求和技术可能性两者的总和中产生，设计师不能不顾生产力水平的发展趋势或目前的状况，独自走入设计的误区。"在充分掌握现有技术的情况下，对成熟技术的应用也能带来全新的设计，形成独特的产品形态。

　　在 20 世纪 60—70 年代，灯具的流水线生产商利用新的反射灯泡的优点，发展单点系统（single spot system）和轨道灯具（track lighting），到 20 世纪 80 年代，它们取得了商业成功并且在市场中占据了一定的位置。到了 20 世纪 80—90 年代，随着卤素灯和迷你荧光的使用，新的照明设备取得了重要的发展，这两项技术促使德国人 Ingo Maurer 那样的设计师产生灵感，抓住了公众的想象力，展示了照明设备设计的新的可能性，如图 5-9 所示。

　　Jacob de Baan D4 工业设计组设计的"不用电的移动灯"在这样一个充满高科技的时代，利用传统的五金加工手段创造了一种新的视觉效果，仅用几根蜡烛就给人们带来现代家庭中业已消失的温暖、生动的光，如图 5-10～图 5-12 所示。

　　"不用电的移动灯"利用现代反光技术和老式蜡烛温暖的红光，开拓出烛光的新领域。没有了电线这条"尾巴"的移动灯，再加上温暖的光色，唤起了人们对夜晚中"炭火"的回忆，如图 5-13、图 5-14 所示。

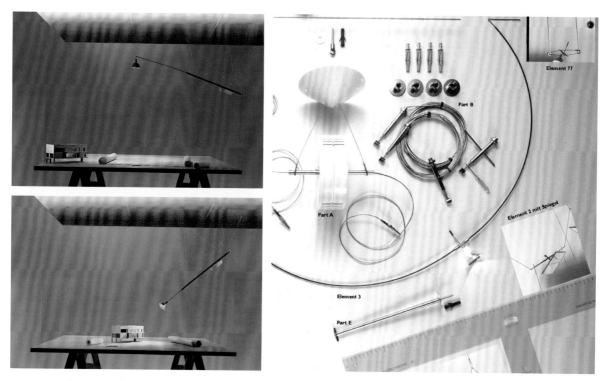

图 5-9　Ingo Maurer 利用成熟的卤素灯技术设计的 Max. Mover 吊灯

图 5-10　使用中的"不用电的移动灯"及壁灯状态

图 5-11　"不用电的移动灯"的多种使用方式：壁灯、三脚落地灯、地灯、桌面灯

图 5-12　工匠制作"不用电的移动灯"的过程

图 5-13 "不用电的移动灯"的烛台部件和连接件　　　　图 5-14 插了三支蜡烛的反光器

5.3 设计潮流与产品形态

当某些特定的行为或方式在社会上广泛流传并成为发展的趋势时，它就形成了潮流。潮流涉及人们生活的各个方面，如衣着打扮、饮食、行为、居住，甚至情感表达与思考方式等。

人们对平时常见的生活形式会产生厌倦的心理，为了摆脱厌倦的心理就会去寻找新的形式，从别人新的生活或工作行为中得到启发，并以此来满足自我表现的需要。随着对一种形式模仿人数的增加，该形成便逐渐成为一种潮流。在设计领域中，引领潮流是设计师的普遍追求。某一创新设计被大众接受并广泛传播，那是令设计师感到无比荣耀的事。潮流时尚领域中，手表的设计一直不断地被重新定义。例如，作为时尚类配饰的手表，Karim Rashid 设计的手表抛弃指针表盘，用狭长的数字条表达时间，如图 5-15 所示。

深泽直人为三宅一生设计的手表，用十二边形作为时间指示，创造了无刻度手表的潮流，如图 5-16 所示。

近年来，在年轻人的消费品市场中，很多潮流从汽车、服装等领域拓展到家电领域，复古就是其中一股强劲的潮流。复古体现了更高级的优越感，能够再现以往时代的精致与魅力。例如，宝马汽车公司推出的 mini coupe 汽车、大众汽车公司推出的新甲壳虫汽车（图 5-17）、小吉迷你复古风格冰箱（图 5-18）、日本 IRIS 复古风格烤箱（图 5-19）都创造了复古的潮流。

图 5-15　Karim Rashid 设计的手表　　　　　　　图 5-16　深泽直人为三宅一生设计的手表

（a）

（b）

图 5-17　mini coupe 汽车和新甲壳虫汽车

（a）mini coupe 汽车；（b）新甲壳虫汽车

图 5-18　小吉迷你复古风格冰箱

图 5-19　日本 IRIS 复古风格烤箱

5.4　形态的创造

5.4.1　艺术对形态创造的价值

在造型艺术领域，所谓形态的观点，就是指人们在面对自然或创造形象时所采取的造型态度。不同种类的艺术形式，无论绘画、建筑、雕塑还是设计，从个人的风格及时代的角度加以考证，其视觉面貌的形成都取决于艺术家的形态观点或造型的态度。

艺术的本质是审美，而不是以实用为目的，所以艺术创造也是以审美为目标。艺术本身的发展不断影响着人们对艺术创造的认识，同样对视觉艺术中的绘画形式产生了很大的推动作用。随着人类感受能力的提高，人们对艺术形态创造的认识和理解发生了转变，并具有了从哲学层面的思维方式来认知形态的能力。

艺术着重于个人情感的表达，其表达着作者独立、自我的性格，以强有力的方式努力挣脱人们原有世俗观念的束缚和技术的限制。虽然艺术形态的创造过程很多是无序的，但这种无序的方式可以摆脱僵化的、程序化的理性思维来达到多样化新形态的创造。芬兰建筑设计大师阿尔瓦·阿尔托在遇到许多错综复杂的建筑问题时，会先将问题放在一边，进行抽象绘画的艺术创作，使灵感获得自由，以得到创造力。阿尔瓦·阿尔托曾说："绘画和雕塑是我的工作的一部分。许多建筑师将绘画作为一种独立的活动，在我却不同。"可见，艺术对于作为建筑师的阿尔瓦·阿尔托来说具有非常重要的意义。形态的创造完全可以通过具有创造性的艺术活动来调动，例如文学、摄影、雕塑、绘画、音乐、舞蹈等。

G. F. RIS、Karim Rashid、Philippe Starck 这些设计师在国际设计舞台上非常活跃，也受到众人的肯定，他们在作品中表现出来的艺术创造力是令人折服的（图 5-20～图 5-22）。

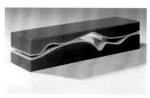

图 5-20　G. F. RIS 的雕塑作品

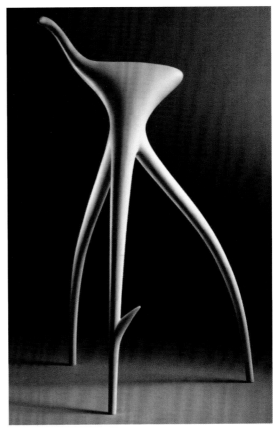

图 5-21 Philippe Starck 的设计作品

图 5-22 Karim Rashid 的沙发设计方案模型

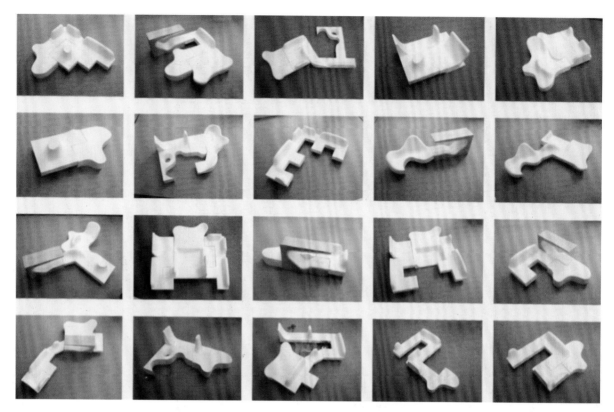

图 5-22 Karim Rashid 的沙发设计方案模型（续）

5.4.2 学科发展对形态创造的促进

《不列颠百科全书》在"工业设计"条目中指出："在每件产品的背后，存在着一系列决策，才导致其现有的物质样式。"这一点突出地说明了"设计"一词的丰富内涵。对于工业设计，我们可以接受一种比以前的定义更宽泛的说法，因为 20 世纪最显著的特点之一是各学科之间的壁垒已经被打破，一度被看作独立的过程或专业也互相联系起来。

2015 年世界设计组织（WDO）对（工业）设计的定义为：（工业）设计旨在引导创新，促发商业成功及提供更高质量的生活，是一种将策略性解决问题的过程应用于产品、系统、服务及体验的设计活动。它是一种跨学科的专业，将创新、技术、商业、研究及消费者紧密联系起来，共同进行创造性活动，将需要解决的问题、提出的解决方案进行可视化，重新解构问题，并将其作为建立更好的产品、系统、服务、体验或商业网络的机会，提供新的价值以及竞争优势。（工业）设计通过其输出物对社会、经济、环境及伦理方面问题进行回应，旨在创造一个更好的世界。

设计致力于发现和评估与下列项目在结构、组织、功能、表现和经济上的关系：

（1）增强全球可持续性发展和环境保护（全球道德规范）；

（2）给全人类社会、个人和集体带来利益和自由；

（3）最终用户、制造者和市场经营者（社会道德规范）；

（4）在世界全球化的背景下支持文化的多样性（文化道德规范）；

（5）赋予产品、服务和系统以表现性的形式（语义学）并与它们的内涵协调（美学）。

单纯从形态上对产品进行创新设计是不够的，除了对必要的结构、材料、色彩等元素的运用外，对其他多学科知识的学习和了解也能够给设计师带来广阔的视野和设计灵感。例如，运用纳米技术制造的衣服可以免去洗涤的麻烦；生物芯片可以改变生命科学的研究方式；革新医学诊断和治疗可以极大地提高人口素质和健康水平等。这些跨学科的知识会给产品形态带来完全不同的面貌。

5.4.3　形态的现实性

形态能够帮助人们分辨和体验事物，以便创造必要的生存条件，同时唤起人们的感觉，以满足人们生理和心理上的需要。从这个意义上讲，设计的功能如果说是以实用为目的的，那么它应该以创造完美的形态为原则，来服务于人的各种物质需要或者是精神需要。一个好的设计必须达到实用的目的，促进人们使用它们或有利于以消费为条件的物质需要。当然，除此以外，设计不仅要满足功能或实用的目的，还要通过具有美感的造型使其在视觉上被接受并使人们获得审美的满足。好的设计便是通过艺术手段使其有助于促进使用及增加消费者消费的乐趣，并从商业的角度保持和加强技术与经济的效能。

在纯艺术创作中，艺术家可以不受社会、经济、文化、生产等条件的制约，可以异想天开、随心所欲地创造形态。而设计由于受这些条件的制约，必须在充分考虑社会、文化、经济以及生产技术的前提下，在一定的设计理念的引导下进行造型表现。

创新的产品形态来源于设计师敏锐的观察力，需要在的长期观察中抓住有价值的事物或现象。现代设计强调以人为本，尊重人的多样性需求，同时强调商业性，必须符合大工业化的生产，符合消费规律。全球城市化的发展为产品的制造创造了广阔的消费市场，产品设计的分析与研究从以城市中的人群为主要对象开始。从这些人群的相关活动和相互之间的关系入手，在这些具有系统化特征的体系中寻找可以融合的技术和文化，以适应不断发展变化的社会。当今世界环境恶化，过度消费、人口老龄化等问题给设计师提出了更多严峻的问题，设计师承担着越来越重要的社会责任。

产品形态设计赏析

参考文献

[1] 徐恒醇. 设计美学 [M]. 北京: 清华大学出版社, 2006.

[2] 吴永健, 王秉鉴. 工业产品形态设计 (修订版) [M]. 北京: 北京理工大学出版社, 2003.

[3] 彭亮, 胡景初. 家具设计与工艺 [M]. 北京: 高等教育出版社, 2003.

[4] 王序. 黑川雅之的产品设计 [M]. 北京: 中国青年出版社, 2002.

[5] 王方良. 设计的意蕴 [M]. 北京: 清华大学出版社, 2006.

[6] 王效杰. 产品设计 [M]. 北京: 高等教育出版社, 2006.

[7] 陈世哲, 黄文治. 世讯十年——创意美学设计 [M]. 台北: 龙溪国际图书有限公司, 2006.

[8] 南云治嘉. 色彩战略 [M]. 汤永成, 译. 台北: 龙溪国际图书有限公司, 2006.

[9] [法] 勒·柯布西耶. 走向新建筑 [M]. 陈志华, 译. 西安: 陕西师范大学出版社, 2004.

[10] [俄] 瓦西里·康定斯基. 康定斯基文论与作品 [M]. 查立, 译. 北京: 中国社会科学出版社, 2003.

[11] [荷] 伯纳德·卢本. 设计与分析 [M]. 林尹星, 薛皓东, 译. 天津: 天津大学出版社, 2003.

[12] [美] 阿历克斯·伍·怀特. 平面设计原理 [M]. 黄文丽, 文学武, 译. 上海: 上海人民美术出版社, 2005.

[13] [美] 金伯利·伊拉姆. 设计几何学 [M]. 李乐山, 译. 北京: 中国水利水电出版社, 知识产权出版社, 2003.

[14] [美] 盖尔·格里特·汉娜. 设计元素 [M]. 李乐山, 译. 北京: 中国水利水电出版社, 知识产权出版社, 2003.

[15] [德] 伯恩哈德·E. 布尔德克. 产品设计——历史、理论与实务 [M]. 胡飞, 译. 北京: 中国建筑工业出版社, 2007.